全国职业技术院校模具制造/模具设计专业

模具零件制造技术（第二版）习题册

中国劳动社会保障出版社

简介

本习题册是全国职业技术院校模具制造/模具设计专业教材《模具零件制造技术（第二版）》的配套用书。习题册紧扣教学要求，按照教材的模块、课题顺序编排，知识点分布均衡，题型丰富多样，难易配置适当，有助于学生复习和巩固所学知识与技能。

本书由姚小强主编，王卫国、陈亚岗、范为军、金鑫、贾大虎、刘春、孙海锋参编。

图书在版编目(CIP)数据

模具零件制造技术（第二版）习题册/姚小强主编. —北京：中国劳动社会保障出版社，2016

全国职业技术院校模具制造/模具设计专业

ISBN 978-7-5167-2785-0

Ⅰ.①模… Ⅱ.①姚… Ⅲ.①模具-零部件-加工-职业教育-习题集 Ⅳ.①TG760.6-44

中国版本图书馆 CIP 数据核字(2016)第 250778 号

中国劳动社会保障出版社出版发行

（北京市惠新东街 1 号 邮政编码：100029）

*

三河市华骏印务包装有限公司印刷装订 新华书店经销

787 毫米×1092 毫米 16 开本 6.75 印张 160 千字

2016 年 10 月第 1 版 2016 年 10 月第 1 次印刷

定价：12.00 元

读者服务部电话：（010）64929211/64921644/84626437

营销部电话：（010）64961894

出版社网址：http://www.class.com.cn

http://zyjy.class.com.cn

目　录

绪论 ………………………………………………………………（1）
模块一　模具零件的一般机械加工 ……………………………（3）
课题一　车削加工 ………………………………………………（3）
任务一　车床的基本操作与日常维护 …………………………（3）
任务二　车削导柱 ………………………………………………（5）
任务三　车削导套 ………………………………………………（10）
课题二　铣削加工 ………………………………………………（14）
任务一　铣床的基本操作与日常维护 …………………………（14）
任务二　铣削凸模 ………………………………………………（15）
任务三　铣削凹模 ………………………………………………（19）
课题三　磨削加工 ………………………………………………（23）
任务一　磨床的基本操作与日常维护 …………………………（23）
任务二　磨削模具固定板 ………………………………………（24）
模块二　模具零件的数控加工 …………………………………（28）
课题一　数控车削加工 …………………………………………（28）
任务一　数控车床基础知识与基本操作 ………………………（28）
任务二　数控车削台阶轴 ………………………………………（31）
任务三　数控车削球形轴 ………………………………………（39）
任务四　数控车削塑料碗模具凸模 ……………………………（48）
课题二　数控铣削加工 …………………………………………（56）
任务一　数控铣床基础知识与基本操作 ………………………（56）
任务二　数控铣削凸模 …………………………………………（60）
模块三　模具零件的电切削加工 ………………………………（66）
课题一　电火花线切割加工 ……………………………………（66）
任务一　电火花线切割机床的基本操作和日常维护 …………（66）
任务二　电火花线切割加工冲裁凸模 …………………………（70）
课题二　电火花成形加工 ………………………………………（74）
任务一　电火花成形机的基本操作和日常维护 ………………（74）
任务二　电火花成形加工冲裁模凹模漏料孔 …………………（76）
模块四　典型模具零件加工工艺制定 …………………………（82）
课题一　冷冲模主要零件加工工艺的制定 ……………………（82）

任务一　制定冷冲模凸模加工工艺 …………………………………………（82）
任务二　制定冷冲模凹模加工工艺 …………………………………………（85）
课题二　注塑模主要零件加工工艺的制定 ……………………………………（88）
任务一　制定注塑模型腔加工工艺 …………………………………………（88）
任务二　制定注塑模型芯加工工艺 …………………………………………（90）
任务三　制定注塑模镶块加工工艺 …………………………………………（93）
课题三　压铸模主要零件加工工艺的制作 ……………………………………（95）
模块五　模具零件精密加工…………………………………………………（98）
课题一　成形磨削加工简介 ……………………………………………………（98）
课题二　坐标镗床加工简介 ……………………………………………………（100）
课题三　坐标磨床加工简介 ……………………………………………………（102）

绪　论

一、填空题（将正确答案填写在横线上）

1. 模具零件常用制造技术主要有____________、____________和其他加工技术。

2. 模具的机械加工可分为____________、___________________、____________。

二、选择题（将正确答案的代号填入括号内）

1. 特种加工是指直接利用电能、化学能、声能、光能等来（　　）工件上的多余部分，以达到一定的形状、尺寸和表面粗糙度要求的加工方法。

A. 修饰　　B. 添加　　C. 去除

2. 高速切削加工比传统切削加工速度高（　　）倍。

A. 1～2　　B. 5～10　　C. 20～50

三、判断题（正确的打“√”，错误的打“×”）

1. 将加工好的模块焊接到一起，加工简单、快速，且模具不易变形，精度易保证。（　　）

2. 逆向工程技术可以在缺少模具零件设计图样的情况下，完成测量并形成CAD模型，利用快速成形技术复制出零件原型。（　　）

四、简答题

1. 模具主要应用于哪些行业？

2. 模具制造与一般零件、产品的机械制造相比，具有哪些特殊性？

3. 通过网络与书籍查询模具行业的发展前景。

4. 列举你所知道或见过用模具制造的产品。

模块一　模具零件的一般机械加工

课题一　车 削 加 工

任务一　车床的基本操作与日常维护

一、填空题（将正确答案填写在横线上）

1．__________作主运动，________作进给运动的切削加工方法称为车削。

2．车削的加工范围很广，其基本内容包括：__________、__________、切断和车槽、__________、________、________、________、________、________、车成形面、滚花和盘绕弹簧等。

3．在车床上装上一些附件和夹具，还可进行________、________、________和抛光等。

4．主轴箱支撑主轴并带动工件做____________________。箱内装有齿轮、轴等，组成____________________。

5．交换齿轮箱接受________传递的转动，并由此传递给进给箱。

6．溜板箱接受________或________传递的运动，以驱动床鞍和中、小滑板及刀架实现车刀的________或________运动。

7．尾座安装在床身导轨上，并沿导轨________移动，以调整其工作位置。尾座主要用来装夹________，以支撑________工件；也可装夹______、______等进行孔加工。

8．CA6140型车床纵、横向机动进给操纵机构，利用一个手柄集中操纵纵、横向机动进给运动的________、________和________，且手柄扳动方向与刀架运动方向______，使用非常方便。

9．为了保证车床的加工精度、延长其________________、保证_______________、提高____________，车工除了能熟练地操作机床外，还必须学会对车床进行合理的__________、__________。

10．每天使用完车床后，应__________，对车床各表面、各罩壳、______、______、光杠、各操纵手柄和操纵杆进行______，做到________、________、车床外表清洁。

二、选择题（将正确答案的代号填入括号内）

1．冷却装置主要通过（　　）将切削液加压后经冷却嘴喷射到切削区域，降低切削温度、冲走切屑。

A．冷却泵　　B．尾座　　C．电动机

2．主轴箱内的零件是采用油泵循环润滑或（　　）。

A．油绳润滑　　B．飞溅润滑　　C．浇油润滑

3. 沿工件轴线方向的运动称为纵向运动，（　　）于工件轴线方向的运动称为横向运动。

A. 平行　　B. 垂直　　C. 倾斜

4. 不准（　　）操作车床或测量工件。

A. 戴套袖　　B. 戴眼镜　　C. 戴手套

三、判断题（正确的打“√”，错误的打“×”）

1. 车床使用前应检查其各部分机构是否完好。（　　）
2. 更换刀具时，可以不用停止车床运转。（　　）
3. 工件装夹好后，卡盘扳手必须随即从卡盘上取下。（　　）
4. 车床运转时，必须集中精力，可以用手抚摸工件表面。（　　）
5. 操作车床，可以短时间离开岗位，但不准做与操作内容无关的事情。（　　）
6. 车床运转时，严禁用棉纱擦抹回转中的工件。（　　）
7. 操作车床时应戴好防护眼镜，刃磨刀具时可以不戴防护眼镜。（　　）
8. 应使用专用铁钩或游标卡尺清除切屑，不准用手直接清除。（　　）
9. 操作中若出现异常现象，应及时停车检查；出现故障、事故应立即切断电源，及时汇报，由专业人员检修，未修复不得使用。（　　）
10. 床身是车床的大型基础部件，有两条精度很高的V形导轨和矩形导轨。（　　）

四、简答题

1. 车床上常见润滑方式有哪些？

2. 试述车床床身组成及作用。

3. 为什么要严格执行安全操作规程？

4. 简述 CA6140 型车床的润滑系统标牌上“$\frac{46}{50}$”的含义。

五、实训题

1. 完成普通车床（如 CA6140 型卧式车床）开机、关机、切削液开启和关闭的操作。

2. 完成一次普通车床（如 CA6140 型卧式车床）的清洁和润滑保养。

任务二　车 削 导 柱

一、填空题（将正确答案填写在横线上）

1. 90°车刀主要用来车削工件的外圆、________和________。45°车刀主要用来车削工件的外圆、________和________。

2. 车刀由刀头（或刀片）和刀柄两部分组成。刀头担负切削工作，故又叫________；刀柄用来把____________在刀架上。

3. 主切削刃和__________汇交的一小段切削刃称为刀尖。为了提高刀尖强度和延长车刀寿命，多将刀尖磨成________或________过渡刃。

4. 75°车刀是由三个刀面、_________切削刃和_________刀尖组成；而 45°车刀却有________刀面、________切削刃和________刀尖。

5. 对于车削，一般可认为基面是________。

6. 车刀前角和后角分别有______、______和______值三种。

7. 粗车与精车分开后，可以合理地安排________，粗车可安排在________、动力大的机床上进行，精车则可安排在________的机床上进行。

8. 粗车时，应选择强度和刚度高、抗冲击能力强的刀具材料，以适应____________、____________、排屑顺利的要求。

9. 粗车较大的台阶轴时，一般从__________的部位开始加工，__________的部位最后加工，以使整个切削过程有较高的刚度。

10. ________是指车削的末道加工，加工余量________，主要考虑的是保证________和加工表面质量。

二、选择题（将正确答案的代号填入括号内）

1. 主切削刃在基面上的投影与进给方向间的夹角称（　　）。

A. 主偏角　　B. 副偏角　　C. 前角

2. 主切削刃与（　　）间的夹角称刃倾角。

A. 前面　　B. 基面　　C. 正交平面

3. 正交平面即是通过切削刃上的某选定点，并同时垂直于基面和（　　）的平面。

A．前面　　　　　　　　B．切削平面　　　　　　　C．后面

4．前面和主后面的交线称为（　　），它担负着主要的切削工作，在工件上加工出过渡表面。

A．刀尖　　　　　　　　B．副切削刃　　　　　　　C．主切削刃

5．粗车时，对车床设备的精度要求（　　），主要是要求机床功率能满足要求，以适应切削力大的需要。

A．不高　　　　　　　　B．较高　　　　　　　　　C．不低

6．粗车时，应在机床工艺系统刚度允许的前提下，尽量选用较大的背吃刀量和进给量，选用（　　）等切削速度。

A．高　　　　　　　　　B．中　　　　　　　　　　C．低

7．左偏刀一般用来车削（　　），也适用于车削直径较大、长度较短的工件端面和外圆。

A．右向台阶　　　　　　B．左向台阶　　　　　　　C．从中间切入的台阶

8．（　　）刀头强度和散热条件比45°车刀好。

A．切断刀　　　　　　　B．90°车刀　　　　　　　C．75°车刀

三、判断题（正确的打“√”，错误的打“×”）

1．刀具上切屑流过的表面称为前面，又称为主后面。（　　）

2．与工件上过渡表面相对的刀面称为副后面；与工件上已加工表面相对的刀面称为主后面。（　　）

3．通过切削刃上某选定点，垂直于该点主运动方向的平面称为基面。（　　）

4．主切削刃在基面上的投影与进给方向间的夹角称为副偏角。（　　）

5．副切削刃在基面上的投影与背离进给方向间的夹角称为主偏角。（　　）

6．主切削刃与基面间的夹角称为刃倾角。（　　）

7．在车削体积较大且精度要求较低的工件时，由于装夹困难，也可以不采取粗车与精车分开的原则。（　　）

8．中心钻头钻至圆锥部的1/3左右深度时为止。（　　）

9．顶尖套从尾座伸出的长度应尽量长一些。（　　）

10．试切削是为了控制背吃刀量，保证工件的加工尺寸。（　　）

四、简答题

1．简述常用车刀的种类及其用途。

2. 写出图 1—1—1 中各部分名称。

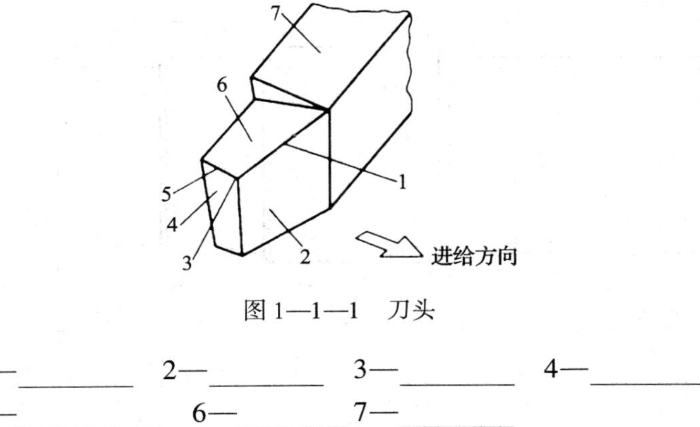

图 1—1—1　刀头

1—________　2—________　3—________　4—________

5—__________　6—________7—________

3. 一夹一顶装夹有什么特点？

五、计算题

在 CA6140 型卧式车床上车削 $\phi160$ mm 的齿轮外圆，选择切削速度为 90 m/min，求车床主轴转速。

六、实训题

1. 在车床上正确安装车刀（具体车刀由实习指导老师提供）。
2. 在车床上正确选择装夹工具装夹毛坯（具体毛坯件由实习指导老师提供）。
3. 车削如图 1—1—2 所示光轴。

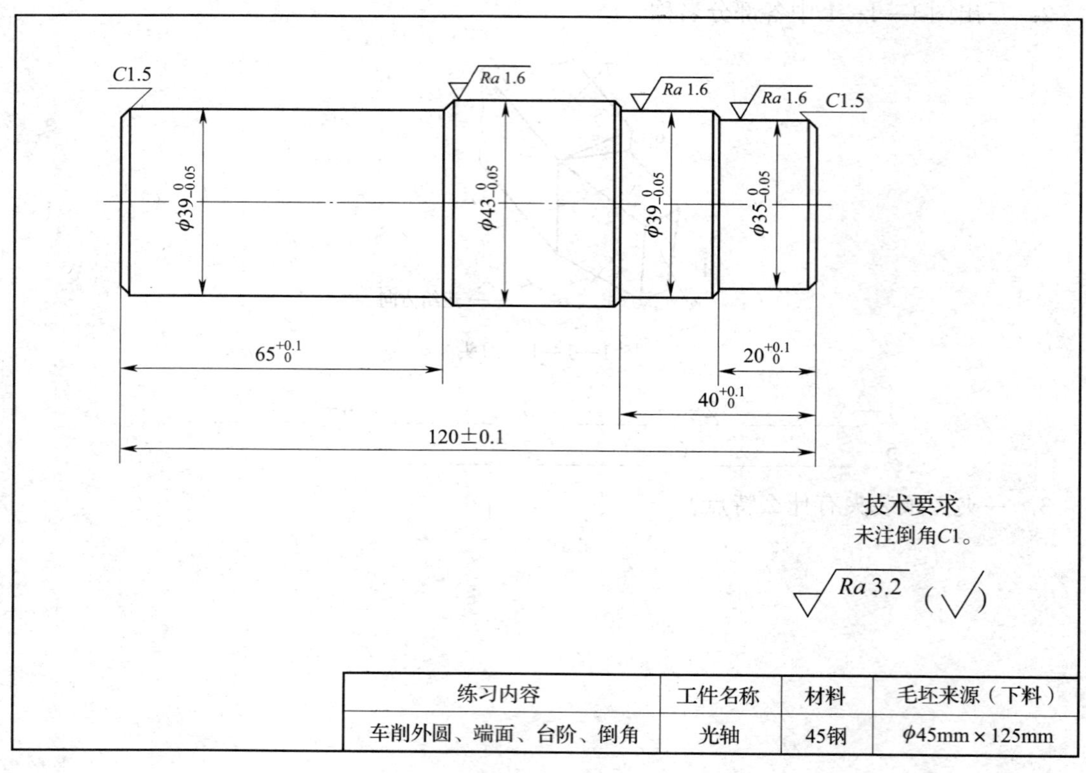

图 1—1—2　光轴零件图

(1) 制定加工方案

正确选择加工刀具、切削用量，制定车削光轴的加工工艺，并填写在表 1—1—1 中。

表 1—1—1　　车削光轴的加工工艺过程

序号	工艺步骤与图示		车刀类型	主轴转速 n (r/min)	进给量 f (mm/r)	背吃刀量 a_p (mm)

续表

序号	工艺步骤与图示		车刀类型	主轴转速 n (r/min)	进给量 f (mm/r)	背吃刀量 a_p (mm)

（2）加工精度检测与质量分析

1）正确使用量具检测光轴，并填写零件加工精度检测评分表（表1—1—2）。

表1—1—2　　零件加工精度检测评分表

考核项目	考核内容	配分	评分标准	检测结果	得分
尺寸精度/表面粗糙度	$\phi 39\,^{0}_{-0.05}/Ra3.2$	12/3	尺寸超差0.01扣5分；超差0.02以上不得分		
	$\phi 43\,^{0}_{-0.05}/Ra1.6$	12/3	尺寸超差0.01扣5分；超差0.02以上不得分		
	$\phi 39\,^{0}_{-0.05}/Ra1.6$	12/3	尺寸超差0.01扣5分；超差0.02以上不得分		
	$\phi 35\,^{0}_{-0.05}/Ra1.6$	12/3	尺寸超差0.01扣5分；超差0.02以上不得分		
	$65\,^{+0.1}_{0}$	5	超差不得分		
	$40\,^{+0.1}_{0}$	5	超差不得分		
	$20\,^{+0.1}_{0}$	5	超差不得分		
	120±0.1	4	超差不得分		
	倒角（C1、C1.5）共5处	5	每超差一处扣1分，扣完为止		
工艺	工艺制定合理	10	酌情扣分		
其他	安全文明生产	3	违反规定为不合格		
	现场操作规范	3	违反规定为不合格		
合计		100			

2）填写加工质量分析表。在表 1—1—3 中记录问题现象、产生原因、预防和消除措施。

表 1—1—3　　车削光轴的质量分析

问题现象	产生原因	预防和消除措施

任务三　车 削 导 套

一、填空题（将正确答案填写在横线上）

1. 车内孔的关键技术是解决______________________和________问题。
2. 内孔车刀可分为_________和__________。
3. 为了防止内孔车刀________和孔壁摩擦又不使______磨得太大，一般磨成________。
4. 车孔是常用的孔加工方法之一，可作为________，也可作为________，加工范围很广。
5. 车内孔的工作条件较差，____________差，________困难。
6. 毛坯上的孔一般是通过________、________或________钻出的，一般为了达到图样要求，还需用__________来车孔。
7. 刀柄伸出长度应尽可能短，以保证车刀刀柄有______________，减小切削过程中的__________。
8. 盲孔车刀的刀尖在刀杆的__________，刀尖到刀杆外端的距离______盲孔半径，否则无法______________。

二、选择题（将正确答案的代号填入括号内）

1. 用内径千分尺测量孔径时，必须使其轴线位于径向，且（　　）于孔的轴线。

A. 垂直　　B. 平行　　C. 倾斜

2. 通孔车刀的几何形状基本上与（　　）相似。

A. 45°车刀　　B. 外圆车刀　　C. 切槽刀

3. 车刀可用来车（　　）、直通孔或台阶孔。

A. 垂直面　　B. 盲孔　　C. 工件厚度

4. 精车通孔时，要求切屑流向（　　），可以用正值刃倾角的内孔车刀。

A. 过渡表面　　B. 已加工表面　　C. 待加工表面

三、判断题（正确的打“√”，错误的打“×”）

1. 车孔精度等级一般可达 IT8 ~ IT7 级，但不能纠正原有孔的直线度。（　　）
2. 在用硬质合金车刀车孔时，一般不需要加切削液。（　　）
3. 车直通孔时切削用量要比车外圆时适当增大些。（　　）
4. 车盲孔时，其内孔车刀的刀尖必须与工件的旋转中心等高，否则不能将孔底车平。（　　）

四、简答题

1. 增加内孔车刀的刚性主要采用哪些措施？

2. 麻花钻的工作部分由哪些部分组成？各有哪些作用？

3. 试述车削内孔时控制切屑排向的方法。

五、实训题

1. 车削如图 1—1—3 所示导向套。

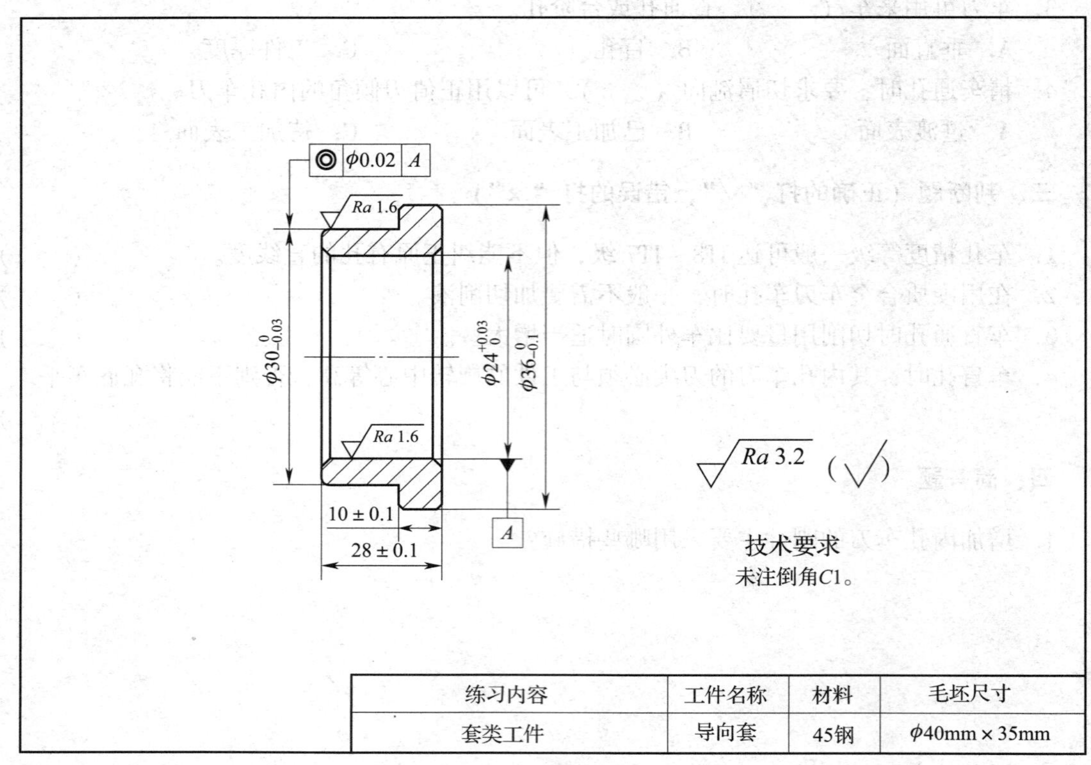

图 1—1—3　导向套零件图

(1) 制定加工方案

正确选择加工刀具、切削用量，制定车削导向套的加工工艺，并填写在表 1—1—4 中。

表 1—1—4　　　　**车削导向套的加工工艺过程**

序号	工艺步骤与图示		车刀类型	主轴转速 n（r/min）	进给量 f（mm/r）	背吃刀量 a_p（mm）

续表

序号	工艺步骤与图示		车刀类型	主轴转速 n (r/min)	进给量 f (mm/r)	背吃刀量 a_p (mm)

（2）加工精度检测与质量分析

1）正确使用量具检测导向套，并填写零件加工精度检测评分表（表1—1—5）。

表1—1—5　　零件加工精度检测评分表

考核项目	考核内容	配分	评分标准	检测结果	得分
尺寸精度/表面粗糙度	$\phi 36_{-0.1}^{0}/Ra3.2$	12/3	超差不得分		
	$\phi 30_{-0.03}^{0}/Ra1.6$	12/3	尺寸超差0.01扣5分；超差0.02以上不得分		
	$\phi 24_{0}^{+0.03}/Ra1.6$	12/3	尺寸超差0.01扣5分；超差0.02以上不得分		
	28 ±0.1	10	尺寸超差0.01扣5分；超差0.02以上不得分		
	10 ±0.1	10	超差不得分		
	◎ | ϕ0.02 | A	14	尺寸超差0.01扣5分；超差0.02以上不得分		
	倒角（$C1$）共5处	5	每超差一处扣1分，扣完为止		
工艺	工艺制定合理	10	酌情扣分		
其他	安全文明生产	3	违反规定为不合格		
	现场操作规范	3	违反规定为不合格		
合计		100			

2）填写加工质量分析表。在表 1—1—6 中记录问题现象、产生原因、预防和消除措施。

表 1—1—6　　车削导向套的质量分析

问题现象	产生原因	预防和消除措施

课题二　铣 削 加 工

任务一　铣床的基本操作与日常维护

一、填空题（将正确答案填写在横线上）

1. 铣削是________作主运动，__________作进给运动的切削加工方法。
2. 铣削有较高的加工精度，其经济加工精度一般为________级，表面粗糙度 *Ra* 值为__________。
3. 铣削的主要特点是用旋转的____________进行切削加工，所以效率较高。
4. 常用的铣床有______________、__________、____________、________________四种。
5. X5032 型铣床的主轴是一前端带有锥度为______________锥孔的空心轴；用来安装__________________，并传递______和动力。

二、选择题（将正确答案的代号填入括号内）

1. X5032 型铣床工作台纵、横、垂直三个方向的进给速度各有（　　）种。
   A. 16　　B. 17　　C. 18　　D. 19
2. X5032 型铣床主轴锥孔的锥度为（　　）。

A. 1∶20　　B. 7∶24　　C. 2∶25　　D. 莫氏 4 号

三、判断题（正确的打“√”，错误的打“×”）

1. 卧式铣床主轴轴线与工作台台面平行，立式铣床主轴轴线与工作台台面垂直。（　　）
2. X5032 型铣床是立式铣床，因此不能完成卧式铣床的工作。（　　）
3. X5032 型铣床的工作台在水平面内不能扳转。（　　）

四、简答题

1. X5032 型铣床的主要部件有哪些？

2. 铣床在操作之前应如何进行维护保养？

3. 在完成铣床的操作加工之后应执行什么安全操作？

五、实训题

1. 完成普通铣床（如 X5032 型立式铣床）开机、关机、工作台的手动和自动移动、切削液开启和关闭的操作。

2. 完成一次普通铣床（如 X5032 型立式铣床）的清洁和润滑保养。

任务二　铣 削 凸 模

一、填空题（将正确答案填写在横线上）

1. 在铣床上加工中、小型工件时，一般多采用__________装夹；加工大、中型工件则多采用直接在________上用________装夹。

2. 平面质量的好坏，主要从平面的________和表面的__________两个方面来衡量，分别用________和______________两项来考核。

3. 平面的铣削方法有__________和______两种。

4. 铣削有________和________两种方式。

5. 端铣时，根据铣刀与工件之间的相对位置不同，可分为__________和____________

两种。

6. 铣台阶时，铣刀容易向________的一侧偏让，通常称________。

二、选择题（将正确答案的代号填入括号内）

1. 用平口钳装夹铣垂直面时，若初次铣出的平面与基准面之间夹角小于90°，则应将铜皮或纸片垫在（　　）。

A. 固定钳口的下部　　B. 固定钳口的中部

C. 固定钳口的上部　　D. 平口钳底面靠活动钳口后部的一端

2. 铣床工作台移动时，丝杠螺母副存在的间隙在工作台移动方向的（　　）。

A. 前面　　B. 中间　　C. 后面　　D. 不能确定

三、判断题（正确的打“√”，错误的打“×”）

1. 铣削平面时，要获得较小的表面粗糙度值，无论是采用圆周铣还是端铣，都应减小进给速度和提高铣刀的转速。（　　）

2. 用平口钳装夹工件，既可以进行圆周铣，也可以进行端铣，但仅适宜于中、小型工件的铣削。（　　）

3. 调转平口钳钳体角度装夹工件铣斜面时，应先校正固定钳口与卧式铣床主轴轴线垂直或平行。（　　）

4. 端铣时应采用对称铣削。（　　）

5. 因为顺铣的铣削力对工件能起压紧作用，铣刀磨损慢，加工面的表面质量较高，且消耗在进给运动方面的功率也较小，因此，圆周铣时一般都选择顺铣方式。（　　）

6. 在立式铣床上用立铣刀铣削台阶，如果立铣头“零位”不准，当采用纵向进给铣削时，对台阶的侧面无影响，但台阶底面会产生凹面。

四、简答题

1. 什么是铣削宽度和铣削深度？

2. 什么是进给量f？铣削中进给量有哪三种表述和度量的方法？它们之间的关系如何？

五、计算题

1. 用一把直径为20 mm，齿数为3的立铣刀，在X5032型铣床上铣削，采用每齿进给

量 f_z 为 0. 04 mm，铣削速度 v_c 为 20 m/min，试调整铣床的转速和进给速度。

2. 用一把直径为 25 mm、齿数为 3 的立铣刀，在 X5032 型铣床上铣削，采用每齿进给量为 0. 04 mm，铣削速度为 24 m/min，试调整铣床的转速和进给速度。

六、实训题

铣削如图 1—2—1 所示凸模。

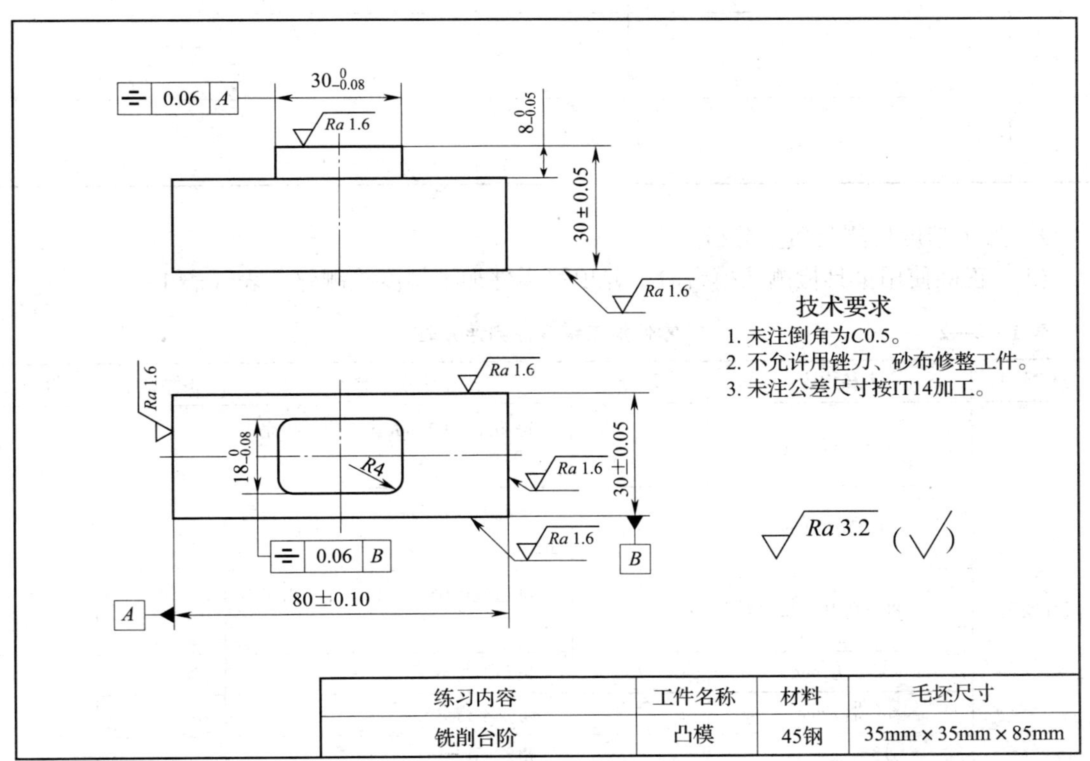

练习内容	工件名称	材料	毛坯尺寸
铣削台阶	凸模	45钢	35mm×35mm×85mm

图 1—2—1　凸模零件图

1．制定加工方案

正确选择加工刀具、切削用量，制定铣削凸模台阶的加工工艺，并填写在表 1—2—1 中。

表 1—2—1　　铣削凸模加工工艺过程

序号	工艺步骤	铣刀类型	主轴转速 n (r/min)	进给速度 v_f (mm/min)	背吃刀量 a_p (mm)

2．加工精度检测与质量分析

（1）正确使用量具检测凸模台阶，并填写零件加工精度检测评分表（表 1—2—2）。

表 1—2—2　　零件加工精度检测评分表

考核项目	考核内容	配分	评分标准	检测结果	得分
尺寸精度	30 ±0.05 mm	7	每超差 0.02 mm 扣 3 分，扣完为止		
	30 ±0.05 mm	7	每超差 0.02 mm 扣 3 分，扣完为止		
	80 ±0.10 mm	4	每超差 0.05 mm 扣 2 分，扣完为止		
	$30_{-0.08}^{0}$ mm	7	超差不得分		
	$8_{-0.05}^{0}$ mm	7	超差不得分		
	$18_{-0.08}^{0}$ mm	7	超差不得分		
	*R*4（4 处）	8	每超差一处扣 2 分，扣完为止		

续表

考核项目	考核内容	配分	评分标准	检测结果	得分
几何误差	⌯ 0.06 A ⌯ 0.06 B	16	每超差一处扣 8 分，扣完为止		
表面粗糙度	Ra1.6（6 处）	12	每超差一处扣 2 分，扣完为止		
	Ra3.2（9 处）	9	每超差一处扣 1 分，扣完为止		
工艺	工艺制定合理	10	每处错误扣 1 分		
其他	安全文明生产	3	违反规定为不合格		
	现场操作规范	3	违反规定为不合格		
合计		100			

（2）填写加工质量分析表

在表 1—2—3 中记录问题现象、产生原因、预防和消除措施。

表 1—2—3 铣削凸模的质量分析

问题现象	产生原因	预防和消除措施

任务三 铣削凹模

一、填空题（将正确答案填写在横线上）

1. 直角沟槽有______、________和________三种形式。

2. 模具上直角通槽主要用________________铣削，当槽宽大于 25 mm 时，则大多采用________铣削。

3. 由于立铣刀的端面刀刃不通过__________，因此，用立铣刀铣削穿通的封闭式直角沟槽时应预钻________。

二、选择题（将正确答案的代号填入括号内）

1. 铣削对称度要求高的直角沟槽时，铣刀对中心一般应采用（　　）。

A．按工件划线调整对中心　　　　B．按切痕调整对中心

C．按侧面调整对中心　　　　　　D．用百分表调整对中心

2．用宽度为 12 mm 的盘形槽铣刀在一宽度为 40 mm 长方体零件上铣削直角沟槽，采用擦侧面调整对中心，贴纸厚度 0.12 mm，当铣刀擦纸后，降下工作台并退出工件，然后将工作台横向移动（　　）mm。

A．46.12　　　B．32.12　　　C．26.12　　　D．26.06

三、判断题（正确的打“√”，错误的打“×”）

用立铣刀铣穿通的封闭槽，铣削前都应该钻落刀孔，落刀孔的直径应略小于立铣刀切削部分的直径。（　　）

四、简答题

简述铣削直角沟槽对称度的检测方法。

五、实训题

铣削如图 1—2—2 所示凹模。

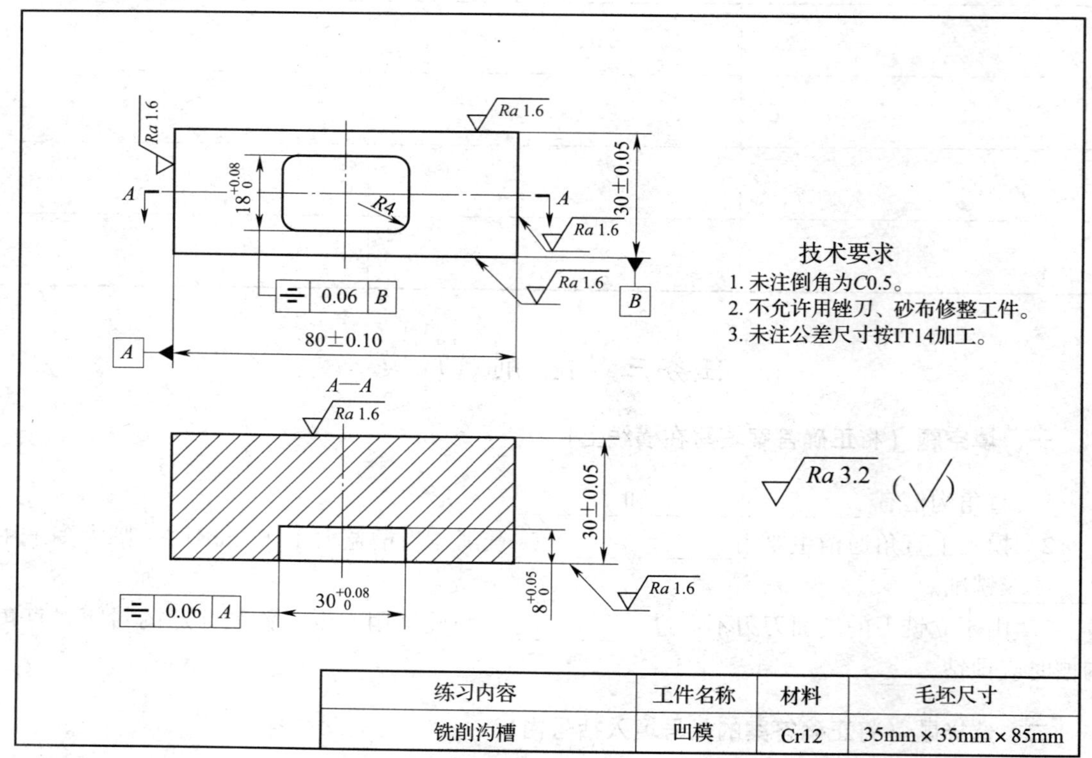

练习内容	工件名称	材料	毛坯尺寸
铣削沟槽	凹模	Cr12	35mm × 35mm × 85mm

图 1—2—2　凹模零件图

1. 制定加工方案

正确选择加工刀具、切削用量，制定铣削凹模凹槽的加工工艺，并填写在表 1—2—4 中。

表 1—2—4　　铣削凹模的加工工艺过程

序号	工艺步骤	铣刀类型	主轴转速 n（r/min）	进给速度 v_f（mm/min）	背吃刀量 a_p（mm）

2. 加工精度检测与质量分析

（1）正确使用量具检测凹模凹槽，并填写零件加工精度检测评分表（表 1—2—5）。

表 1—2—5　　零件加工精度检测评分表

考核项目	考核内容	配分	评分标准	检测结果	得分
尺寸精度	30 ±0.05 mm	10	每超差 0.02 mm 扣 5 分，扣完为止		
	30 ±0.05 mm	10	每超差 0.02 mm 扣 5 分，扣完为止		
	80 ±0.10 mm	8	每超差 0.05 mm 扣 4 分，扣完为止		
	$30^{+0.08}_{0}$ mm	7	超差不得分		

续表

考核项目	考核内容	配分	评分标准	检测结果	得分
尺寸精度	$8^{+0.05}_{0}$ mm	7	超差不得分		
	$18^{+0.08}_{0}$ mm	7	超差不得分		
	*R*4（4 处）	4	每超差一处扣 1 分，扣完为止		
	⌯ 0.06 *A* ⌯ 0.06 *B*	16	每超差一处扣 8 分，扣完为止		
表面粗糙度	*Ra*1.6（6 处）	6	每超差一处扣 1 分，扣完为止		
	*Ra*3.2（9 处）	9	每超差一处扣 1 分，扣完为止		
工艺	工艺制定合理	10	每处错误扣 1 分		
其他	安全文明生产	3	违反规定为不合格		
	现场操作规范	3	违反规定为不合格		
合计		100			

（2）填写加工质量分析表

在表 1—2—6 中记录问题现象、产生原因、预防和消除措施。

表 1—2—6 **铣削凹模的质量分析**

问题现象	产生原因	预防和消除措施

课题三 磨削加工

任务一 磨床的基本操作与日常维护

一、填空题（将正确答案填写在横线上）

1. M7120A 是____________平面磨床。

2. 润滑剂要______、______，不得混入杂质和水分，以免______油路，引起锈蚀。

3. 平面磨床按照砂轮主轴的形式，可以分为________、________；按照工作台形式，又有______、______之分。

4. 磨床上使用的润滑剂有________与________两种。

二、选择题（将正确答案的代号填入括号内）

立轴圆台平面磨床由于采用（　　）磨削，砂轮与工件的接触面积大。

A. 外圆　　B. 内圆　　C. 端面　　D. 垂直面

三、判断题（正确的打"√"，错误的打"×"）

1. 外圆磨削是以砂轮旋转作主运动，工件旋转、移动（或砂轮径向移动）作进给运动，对工件的外回转面进行的磨削加工。（　　）

2. 夏季应采用黏度较小的润滑油，冬季应采用黏度较大的润滑油。（　　）

四、简答题

1. M7120A 型平面磨床的应用场合与特点有哪些？

2. 磨床润滑的"五定"是哪"五定"？

五、实训题

1. 完成普通磨床（如 M7120A 型平面磨床）开机、关机、工作台的手动和自动移动、切削液开启和关闭的操作。

2. 完成一次普通磨床（如 M7120A 型平面磨床）的清洁和润滑保养。

任务二 磨削模具固定板

一、填空题（将正确答案填写在横线上）

1. 在平面磨床上磨削平面，尺寸精度一般可达____________级，表面粗糙度值为_______________。

2. 磨料在砂轮中担负________工作，因此，磨料应具备很高的________，一定的强度、韧性以及一定的________及热稳定性。

3. 粗磨时，以获得________为主要目的，可选________粒度的磨粒；精磨时，以获得____________为主要目的，可选__________磨粒。

4. 砂轮磨损后，会使工件的磨削表面______，__________恶化，加工精度______，外形______，还会引起振动和发生噪声，此时必须及时______砂轮。

二、选择题（将正确答案的代号填入括号内）

1. 砂轮硬度是指结合剂黏结磨粒的（　　），也表示在磨削力作用下磨粒从砂轮表面脱落的难易程度。

A. 坚硬程度　　B. 牢固程度

C. 耐磨程度　　D. 耐热程度

2. 按照磨粒在砂轮中占有的体积百分数，砂轮组织可分为（　　）组织号。

A. 0 ~ 4　　B. 5 ~ 8　　C. 9 ~ 14　　D. 0 ~ 14

3. 一般外圆磨削、内圆磨削、平面磨削、无心磨削及刀具刃磨都采用（　　）组织的砂轮。

A. 低等　　B. 中等　　C. 高等　　D. 紧密

三、判断题（正确的打“√”，错误的打“×”）

1. 如果砂轮太软，磨粒钝化后仍不脱落，磨削效率低，工件表面粗糙并可能产生烧伤。（　　）

2. 砂轮组织号越小，组织越松，砂轮越不易堵塞。（　　）

3. 砂轮的不平衡是指砂轮的重心与旋转中心不重合，即由不平衡质量偏离旋转中心所致。（　　）

4. 一般新安装的砂轮必须进行三次静平衡。（　　）

5. 平面磨削时，电磁吸盘没有平口钳的使用范围广。（　　）

6. 工作结束后，应将吸盘台面擦净。（　　）

四、简答题

1. 简述端面磨削的特点及应用。

2. 简述结合剂对砂轮的影响与作用。

五、实训题

磨削如图 1—3—1 所示凹模。

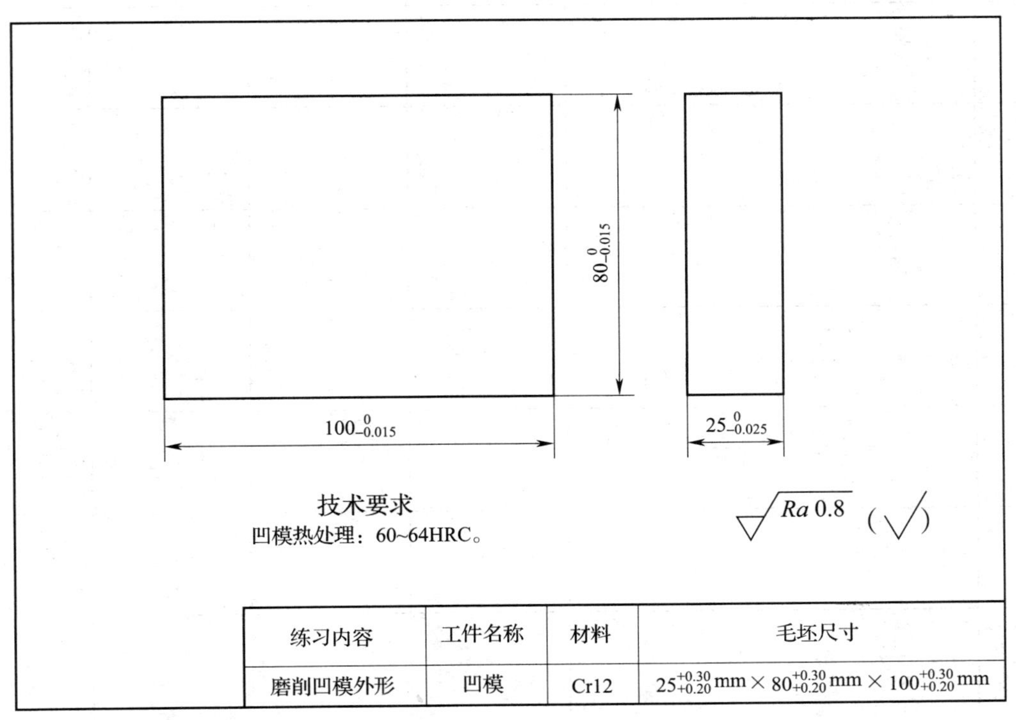

练习内容	工件名称	材料	毛坯尺寸
磨削凹模外形	凹模	Cr12	$25_{+0.20}^{+0.30}$ mm × $80_{+0.20}^{+0.30}$ mm × $100_{+0.20}^{+0.30}$ mm

图 1—3—1　凹模零件图

1．制定加工方案

正确选择加工刀具、切削用量，制定磨削凹模的加工工艺，并填写在表 1—3—1 中。

表 1—3—1　　磨削凹模的加工工艺

序号	工艺步骤	磨刀类型	主轴转速 n（r/min）	进给速度 v_f（mm/min）	背吃刀量 a_p（mm）

2. 加工精度检测与质量分析

(1) 正确使用量具检测凹模，并填写零件加工精度检测评分表（表1—3—2）。

表1—3—2 **零件加工精度检测评分表**

考核项目	考核内容	配分	评分标准	检测结果	得分
尺寸精度	$25_{-0.025}^{0}$ mm	22	超差不得分		
	$80_{-0.015}^{0}$ mm	22	超差不得分		
	$100_{-0.015}^{0}$ mm	22	超差不得分		
表面粗糙度	$Ra0.8$（6处）	18	每超差一处扣3分，扣完为止		
工艺	工艺制定合理	10	每处错误扣1分		
其他	安全文明生产	3	违反规定为不合格		
	现场操作规范	3	违反规定为不合格		
合计		100			

(2) 填写加工质量分析表

在表1—3—3中记录问题现象、产生原因、预防和消除措施。

表1—3—3 **磨削凹模的质量分析表**

问题现象	产生原因	预防和消除措施

模块二　模具零件的数控加工

课题一　数控车削加工

任务一　数控车床基础知识与基本操作

一、填空题（将正确答案填写在横线上）

1. ________年，美国成功地研制出世界上第一台数控机床，我国数控机床的研制是从______年起步的。

2. NC 的中文含义是__________，CNC 的中文含义是______________________。

3. 数控机床大体由__________、___________、__________________、___________、__________、__________组成。

4. 目前，数控机床的控制系统基本采用了计算机数控，即_________系统，它由________和________两部分组成。

5. 数控机床按控制系统功能特点不同分为点位控制、_________和轮廓控制。

6. 按照伺服系统的结构特点，进给伺服系统通常有三种基本结构类型：______________________、______________________及__________________。

7. 在右手定则的笛卡儿坐标系中，大拇指的方向为____轴的正方向，食指指向____轴的正方向，中指指向____轴的正方向。

8. X 坐标轴一般是________，与工件安装面平行，且________ Z 坐标轴。

9. 数控机床中的标准坐标系采用____________________________，并规定________刀具与工件之间距离的方向为坐标正方向。

10. 数控机床标准直角坐标系中，都是假定______不动，______相对____________而运动，且规定 Z 轴的正方向为远离工件的运动方向。

二、判断题（正确的打“√”，错误的打“×”）

1. 数控机床也就是自动化机床。（　　）

2. 数控机床的机床原点是由厂家设定的。（　　）

3. 数控机床开机后，必须先进行返回参考点操作。（　　）

4. 能进行轮廓控制的数控机床，一般也能进行点位控制和直线控制。（　　）

5. 数控机床适合于多品种、中小批量的生产，特别适合于新产品试制零件的加工。（　　）

6. 数控机床坐标轴定义顺序是先 Z 轴，然后确定 X 轴，最后按右手定则确定 Y 轴。（　　）

7. 数控机床特别适用于加工批量小、形状复杂、经常改型且精度高的零件。 （　　）

8. 数控机床是在普通机床的基础上将普通电气装置更换成 CNC 控制装置。 （　　）

三、选择题（将正确答案的代号填入括号内）

1. 世界上第一台数控机床是（　　）年研制出来的。
   A. 1930　　B. 1947　　C. 1952　　D. 1958
2. 数控机床由四个基本部分组成：（　　）、数控装置、伺服机构和机床机械部分。
   A. 数控程序　　B. 数控介质
   C. 辅助装置　　D. 可编程控制器
3. 在数控机床的组成中，其核心部分是（　　）。
   A. 输入装置　　B. CNC 装置
   C. 伺服装置　　D. 机电接口电路
4. 闭环进给伺服系统与半闭环进给伺服系统主要区别在于（　　）。
   A. 位置控制器　　B. 检测单元　　C. 伺服单元　　D. 控制对象
5. （　　）不属于连续控制数控机床。
   A. 数控车床　　B. 数控铣床
   C. 数控线切割机床　　D. 数控钻床
6. （　　）不属于点位控制数控机床。
   A. 数控钻床　　B. 坐标镗床　　C. 数控冲床　　D. 数控车床
7. 按运动方式，数控机床可分为（　　）。
   A. 点位控制、点位直线控制、轮廓控制
   B. 开环控制、闭环控制、半闭环控制
   C. 两坐标数控、三坐标数控、多坐标数控
   D. 硬件数控、软件数控
8. 按机床急停开关后，该开关点通常通过（　　）来解锁。
   A. 再次按下　　B. 向外拔出　　C. 旋转开关　　D. 关机重启
9. 下列开关中，用于机床紧急停止的开关是（　　）。
   A. EMG - STOP　　B. RESET　　C. DRY　　D. SBK
10. 数控机床的标准坐标系是以（　　）来确定的。
    A. 右手直角笛卡尔坐标系　　B. 绝对坐标系
    C. 相对坐标系
11. 数控机床每次接通电源后在运行前首先应做的是（　　）。
    A. 给机床各部分加润滑油　　B. 检查刀具安装是否正确
    C. 机床各坐标轴回参考点　　D. 工件是否安装正确
12. 在机床坐标系中，Absolute 的含义是（　　）。
    A. 绝对坐标　　B. 相对坐标　　C. 程序启动　　D. 坐标
13. 不同机型的机床操作面板和外型结构（　　）。
    A. 是相同的　　B. 有所不同　　C. 完全不同　　D. 无正确答案
14. 数控机床开机时，一般要进行回参考点操作，其目的是要（　　）。

A. 换刀，准备开始加工　　B. 建立机床坐标系
C. 建立局部坐标系　　D. A、B、C 均对

15. MDI 方式是指（　　）。
A. 自动加工方式　　B. 手动输入方式
C. 空运行　　D. 单段运行方式

16. 在数控车床操作面板 CRT 上显示“ALARM”表示（　　）。
A. 系统未准备好　　B. 电池需要换
C. 系统报警　　D. I/O 口正输入程序

17. 在急停按钮功能中，错误的说法是（　　）。
A. 出现紧急情况时按下此钮　　B. 按下此钮，伺服进给同时停止工作
C. 按下此钮，主轴运转立即停止　　D. 需要停车时，可随时按下此钮

18. 用操作面板方向键控制机床的快速移动功能应在（　　）模式下进行。
A. JOG　　B. RAPID　　C. MDI　　D. EDIT

19. 快速进给倍率开关通常有四挡，其中（　　）是最慢的快速进给倍率。
A. F0　　B. F25　　C. F50　　D. F100

20. 数控车床在手动返回参考点的过程中，先执行返回（　　）较为合适。
A. X 轴　　B. Y 轴　　C. Z 轴　　D. 任意轴

四、简答题

1. 数控机床启动后为什么要返回参考原点？

2. 确定机床坐标系的原则是什么？

3. 操作数控车床时，数控系统显示器上出现“$+X$ 轴超程”报警时，应采取哪些措施解除报警？

4. 断电后首次开机，在“JOG”方式下按“主轴正转”，发现不能启动主轴。说明原因并提出解决办法。

任务二　数控车削台阶轴

一、填空题（将正确答案填写在横线上）

1. 一个数控加工程序由遵循一定结构、语法和格式规则的若干个____________组成的。

2. 自动编程根据编程信息的输入与计算机对信息的处理方式不同，分为以__________为基础的自动编程方法和以__________________为基础的自动编程方法。

3. 从零件图开始，到获得数控机床所需控制介质的全过程称为程序编制。程序编制的方法有________________和________________两种。

4. 数控车床在加工过程中控制的是____________轨迹。

5. 将程序载体上的数控代码变成相应电脉冲信号的装置称为____________。

6. 刀具位置补偿包括____________________和______________________。

7. 编程指令“T0202”表示________________________________。

8. 精加工时，应选择较____背吃刀量，____进给量，较______的切削速度。

9. 在指定固定循环之前，必须用辅助功能________使主轴________。

10. 对刀的目的是确定__________________坐标系与__________________坐标系的相对关系。

二、判断题（正确的打“√”，错误的打“×”）

1. 当数控加工程序编制完成后即可进行正式加工。（　　）

2. 数控机床是在普通机床的基础上将普通电气装置更换成 CNC 控制装置。（　　）

3. 数控机床编程有绝对值和增量值编程，使用时不能将它们放在同一程序段中。（　　）

4. G 代码可以分为模态 G 代码和非模态 G 代码。（　　）

5. 不同的数控机床可选用不同的数控系统，但数控加工程序指令都是相同的。（　　）

6. 一个主程序中只能有一个子程序。（　　）

7. 不同结构布局的数控机床有不同的运动方式，但无论何种形式，编程时都认为工件相对于刀具运动。（　　）

8. 子程序的编写方式必须是增量方式。（　　）

9. 程序段的顺序号，根据数控系统的不同，在某些系统中可以省略。（　　）

10. FANUC 车床数控系统中 G50 设定坐标系可以采用相对值。（　　）

三、选择题（将正确答案的代号填入括号内）

1. 数控机床的旋转轴之一 *B* 轴是绕（　　）直线轴旋转的轴。

A. *X* 轴　　B. *Y* 轴　　C. *Z* 轴　　D. *W* 轴

2. 在现代数控系统中系统都有子程序功能，并且子程序（　　）嵌套。

A. 只能有一层　　B. 可以有限层

C. 可以无限层　　D. 不能

3. FANUC 0i Mate－TD 控制系统数控车床使用（　　）设置工件坐标系。

A. G90、G91、G92　　B. G91、G54～G59、G90

C. G54～G59　　D. G93、G53、G94

4. 数控车床的默认加工平面是（　　）。

A. *XY* 平面　　B. *XZ* 平面

C. *YZ* 平面　　D. *OX* 平面

5. 关于机床坐标系，下列说法正确的是（　　）。

A. 机床坐标系即右手直角笛卡尔坐标系

B. 刀具移动、工件不动的机床和刀具不动、工件移动的机床的坐标系命名原则是不一样的。

C. 机床主运动轴为 *X* 轴

D. 刀具与工件之间距离减小的方向为正方向

6. 数控机床坐标系统的确定是假定（　　）。

A. 刀具相对于静止的工件而运动　　B. 工件相对于静止的刀具而运动

C. 刀具、工件都运动　　D. 刀具、工件都不运动

7. 数控机床的位置精度指标有（　　）。

A. 定位精度和重复定位精度　　B. 分辨率和脉冲当量

C. 主轴回转精度　　D. 几何精度

8. 数控车床中，功能字 S 的单位一般是（　　）。

A. mm/r　　B. r/mm　　C. mm/min　　D. r/min

9. 数控机床的机床坐标系是由机床的（　　）。

A. 设计者建立的，机床的使用者不能进行修改

B. 使用者建立的，机床的设计者不能进行修改

C. 设计者建立的，机床的使用者可以进行修改

D. 使用者建立的，机床的设计者可以进行修改

10. 加工程序段的结束部分常用（　　）表示。

A. M02　　B. M03　　C. M00　　D. LF

11. ISO 标准规定绝对尺寸方式的指令为（　　）。

A. G90　　B. G91　　C. G92　　D. G98

12. 数控编程时，应首先设定（　　）。

A. 机床原点　　B. 固定参考点

C. 机床坐标系　　D. 工件坐标系

13. G00 指令与下列的（　　）指令不是同一组的。

A. G01　　B. G02、G03

C. G04　　D. G92

14. 辅助功能中表示无条件程序暂停的指令是（　　）。

A. M00　　B. M01　　C. M02　　D. M30

15. 辅助功能中与主轴有关的 M 指令是（　　）。

A. M06　　B. M09　　C. M08　　D. M05

四、简答题

1. 完整的程序由若干程序段组成，程序段又由哪些部分组成？

2. 在轴类零件粗加工时，应该如何合理选择切削参数？

五、实训题

如图 2—1—1 所示，毛坯为 ϕ30 mm × 60 mm 的 45 钢，试采用所学的编程指令编写程序并加工该零件。

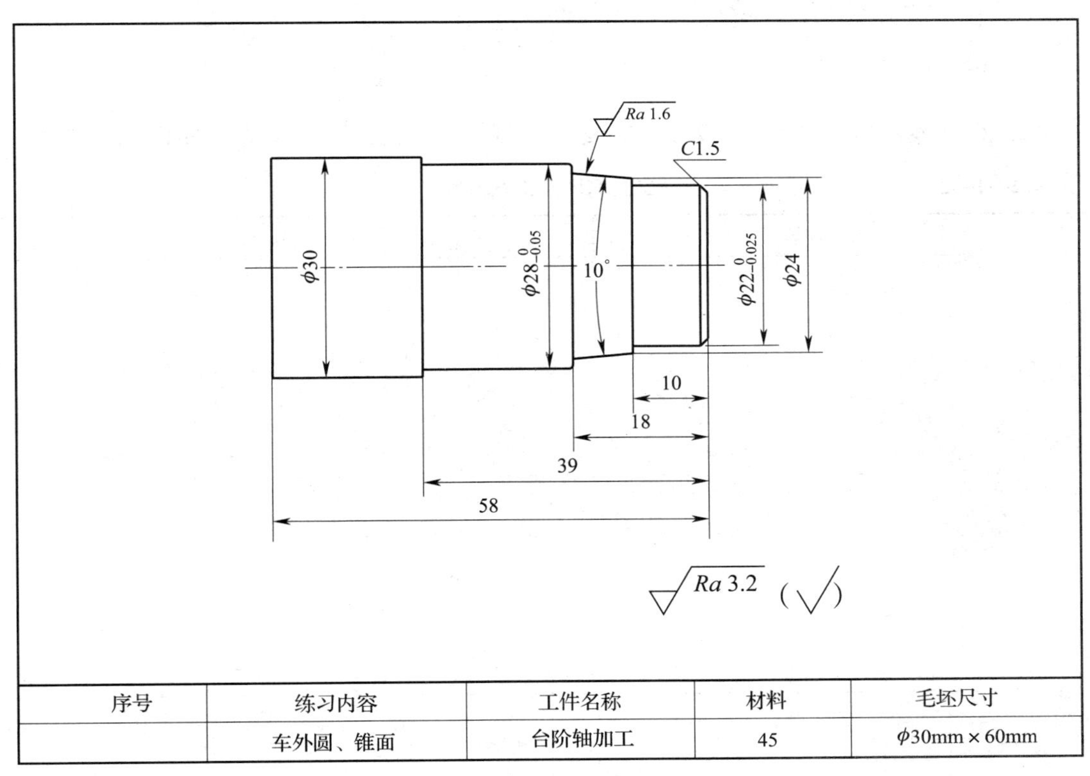

序号	练习内容	工件名称	材料	毛坯尺寸
	车外圆、锥面	台阶轴加工	45	ϕ30mm × 60mm

图 2—1—1　台阶轴

1. 选择工量具

根据零件图的加工要求，选择工量具，填入表 2—1—1 中。

表 2—1—1 **工量具准备清单**

序号	分类	名称	规格	数量	备注
1	工具				
2	量具				
3	夹具				
4	刀具				

2. 制定加工方案

(1) 根据零件特征和加工要求，确定零件的夹具和安装方法。

(2) 根据零件加工要求，在表 2—1—2 中绘制加工工艺简图，并制定加工工艺方案。

表 2—1—2 **工艺简图及工艺方案**

工艺简图	工艺方案

（3）填写数控加工工艺卡

根据零件图样要求，填写表 2—1—3。

表 2—1—3 **数控加工工艺卡**

产品名称及型号		零件名称	零件图号	材料	时间定额	基本时间	
		台阶轴		45 钢		辅助时间	

工序名称	工步号	工步内容	刀具号	主轴转速（r/min）	进给量（mm/r）	切削速度（m/min）
数控车						

加工者		设备号		夹具号		切削液	
编制		审核		批准		日期	

3．编写加工程序

程序	说明

4．加工

完成零件加工，并填写表2—1—4。

表2—1—4　　加工过程记录表

<table>
<tr><th>序号</th><th>操作步骤</th><th colspan="2">过程记录</th></tr>
<tr><td>1</td><td>开机、回参考点</td><td colspan="2"></td></tr>
<tr><td>2</td><td>装夹工件</td><td colspan="2">（1）采用______夹具装夹零件。
（2）夹持零件______部位，伸出长度为______mm。
（3）画出零件装夹示意图：</td></tr>
<tr><td rowspan="4">3</td><td rowspan="4">安装刀具</td><td colspan="2">1号刀具：</td></tr>
<tr><td colspan="2">2号刀具：</td></tr>
<tr><td colspan="2">3号刀具：</td></tr>
<tr><td colspan="2">4号刀具：</td></tr>
<tr><td>4</td><td>对刀及参数设置</td><td colspan="2">用简图标出对刀点位置：</td></tr>
<tr><td rowspan="2">5</td><td rowspan="2">输入程序并校验</td><td rowspan="2">（1）根据程序绘制刀具轨迹图</td><td>（2）记录错误程序段</td></tr>
<tr><td>（3）改正结果</td></tr>
<tr><td>6</td><td>加工零件</td><td colspan="2">记录加工过程中的现象及问题：</td></tr>
<tr><td>7</td><td>过程检测</td><td colspan="2">粗加工检测结果：______
补偿值：X ______　Z ______
精加工检测结果：______</td></tr>
</table>

5．精度检验与质量分析

（1）分析图纸，需要检验的尺寸要素有哪些？列出需要用到的量具。

（2）如图 2—1—2 所示，外径千分尺的读数为多少？

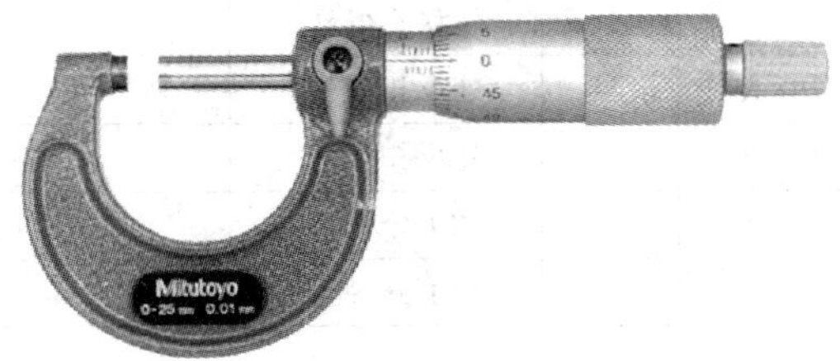

图 2—1—2　外径千分尺

（3）简述使用带表卡尺测量长度的方法。

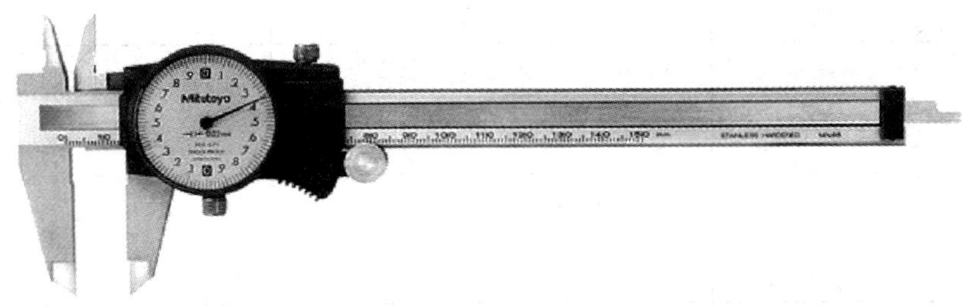

图 2—1—3　带表游标卡尺

(4) 填写零件加工精度检测评分表（表 2—1—5）

表 2—1—5　　零件加工精度检测评分表

考核项目	考核内容	配分		评分标准	自检	互检	交检	得分
		IT	Ra					
尺寸精度/表面粗糙度	$\phi22_{-0.025}^{0}$ mm	8	2	超差不得分				
	$\phi28_{-0.05}^{0}$ mm	8	2	超差不得分				
	10°锥面	8	2	超差不得分				
	10 mm	5		超差不得分				
	18 mm	5		超差不得分				
	39 mm	5		超差不得分				
	倒角 *C*1.5	5		错误不得分				
其他	安全文明生产	15		违反扣分				
	现场操作规范	20		违反扣分				
	工艺制定	5		扣 1 分/处				
	程序编制	10		扣 1 分/处				
合计								

(5) 填写加工质量分析表

在表 2—1—6 中填写外圆和外锥面加工的问题现象、产生的原因、预防和消除措施。

表 2—1—6　　零件加工质量分析

问题现象	产生原因	预防和消除措施

任务三　数控车削球形轴

一、填空题（将正确答案填写在横线上）

1. G02 表示____________________指令，G03 表示____________________指令。

2. 采用半径编程方法编写圆弧插补程序时，当其圆弧所对圆心角_______________时，该半径 R 取负值。

3. “G2 X40 Z50 I－7 K10 F0.1”中的 I 和 K 表示________________________坐标。

4. 零件程序编制中数学处理的主要任务是计算轮廓曲线的______________。

5. 具有使程序在“任选停止”键有效时停止运行的 M 指令是________。

6. 刀尖圆弧半径增大，会使径向阻力________。

7. 粗加工时，应选择________的背吃刀量、进给量，________的切削速度。

8. 精加工时，应选择较____的背吃刀量、进给量，较____的切削速度。

9. 仿形切削粗车复合循环适用于____________零件。

10. 刀具半径补偿功能 G41 表示___________________，G42 表示___________________，G40 表示______________________。

二、判断题（正确的打“√”，错误的打“×”）

1. G02 功能是逆时针圆弧插补，G03 是顺时针圆弧插补。（　　）

2. 在 MDI 方式下用命令指定的刀具轨迹，不进行刀具半径或刀尖半径的补偿。（　　）

3. 车刀刀尖圆弧半径增大，切削时背向力减小。（　　）

4. 若 I、J、K、R 同时在一个程序段中出现，则 R 被忽略，I、J、K 有效。（　　）

5. 当用 G02/G03 指令，对被加工零件进行圆弧编程时，圆心坐标 I、J、K 为圆弧终点到圆弧中心所作矢量分别在 X、Y、Z 坐标轴方向上的分矢量（矢量方向指向圆心）。（　　）

6. 轮廓加工中，在接近拐角处应适当降低进给量，以克服“超程”或“欠程”现象。（　　）

7. 切削塑性、韧性越好的材料，切削力越大。（　　）

8. 切削液的作用有冷却、润滑、防锈、清洗等作用。（　　）

9. 只要设定 F 为 mm/r，并使其值为螺纹的导程，用 G01 指令编写程序也能加工所要的螺纹。（　　）

10. 加工精度是指工件加工后的实际几何参数与理想几何参数的偏离程度。（　　）

三、选择题（将正确答案的代号填入括号内）

1. 下列指令中不具有模态功能代码的为（　　）。

A. G00　　B. G01　　C. G02　　D. G04

2. 根据 ISO 标准，当刀具中心轨迹在程序轨迹前进方向右边时称为右刀具补偿，用（　　）指令表示。

A. G40　　B. G41　　C. G42　　D. G43

3．以下（　　）不是尺寸字的地址码。

A．I　　B．N　　C．X　　D．U

4．切削液能从切削区域带走大量的（　　），降低刀具、工件温度，提高刀具寿命和加工质量。

A．切屑　　B．切削热　　C．切削力　　D．振动

5．某机床定义 G41 为刀具半径左补偿，即刀具（　　）。

A．沿工件左侧方向运动时的半径补偿

B．沿机床左侧方向运动时的半径补偿

C．沿机床右侧方向运动时的半径补偿

D．沿工件右侧方向运动时的半径补偿

6．车床（只有 *X*、*Z* 轴）圆弧插补的顺逆时，观察者沿圆弧所在平面的垂直坐标轴（*Y* 轴）的负方向看去，顺时针方向为 G02，逆时针方向为 G03。通常，圆弧的顺、逆方向判别与车床刀架位置有关，如图 2—1—4 所示，正确的说法为（　　）。

A．图 2—1—4a 表示刀架在机床内侧时的情况。

B．图 2—1—4a 表示刀架在机床外侧时的情况。

C．图 2—1—4b 表示刀架在机床内侧时的情况。

D．以上说法均不正确。

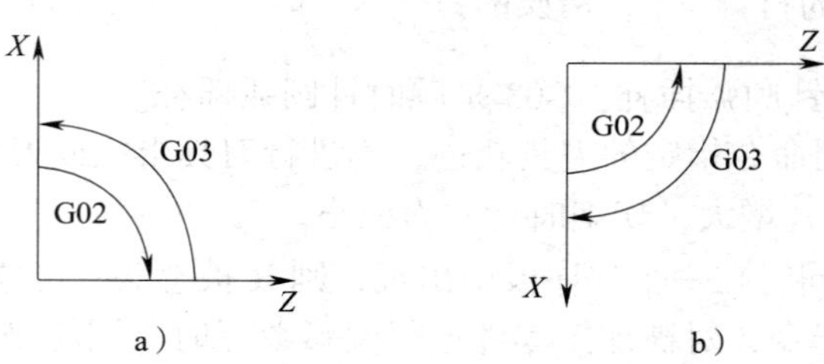

图 2—1—4　圆弧的顺逆方向与刀架位置的关系

7．在 ISO 标准中，G02 是（　　）指令。

A．绝对坐标　　B．外圆循环

C．顺时针圆弧插补　　D．相对坐标

8．G02 X20 Y20 R－10 F100；所加工的一般是（　　）。

A．整圆　　B．夹角≤180°的圆弧

C．180°＜夹角＜360°的圆弧　　D．夹角≤90°的圆弧

9．圆弧加工指令 G02/G03 中 I、K 值用于指令（　　）。

A．圆弧终点坐标　　B．圆弧起点坐标

C．圆心的坐标　　D．起点相对于圆心位置

10．G02 Y_ Z_ J_ K_ F_ 选择平面的命令应是（　　）。

A．G17　　B．G18　　C．G19　　D．G20

11．圆弧插补参数 I、J、K 是圆弧圆心相对于（　　）的矢量坐标。

A．终点　　B．起点　　C．半径　　D．无法判断

12．刀具磨损补偿应输入到系统（　　）中去。

A. 程序　　B. 刀具坐标　　C. 刀具参数　　D. 坐标系

13. （　　）表示主轴反转。

A. M04　　B. M01　　C. M03　　D. M05

14. 选择刀具起刀点时应（　　）。

A. 防止与工件或夹具干涉碰撞　　B. 方便工件安装与测量

C. 每把刀具刀尖在起始点重合　　D. 选择工件外侧

15. 车床主轴轴线有轴向窜动时，对车削（　　）精度影响较大。

A. 外圆表面　　B. 丝杆螺距　　C. 内孔表面　　D. 端面

四、简答题

1. 简述数控机床坐标轴和运动方向命名的原则。

2. 简述圆弧加工的误差原因及其消除方法。

3. 说明固定形状粗车循环 G73 的格式及其参数的含义。

五、实训题

加工如图 2—1—5 所示零件，毛坯为 ϕ30 mm × 60 mm 的 45 钢，试采用所学的编程指令编写程序并加工该零件。

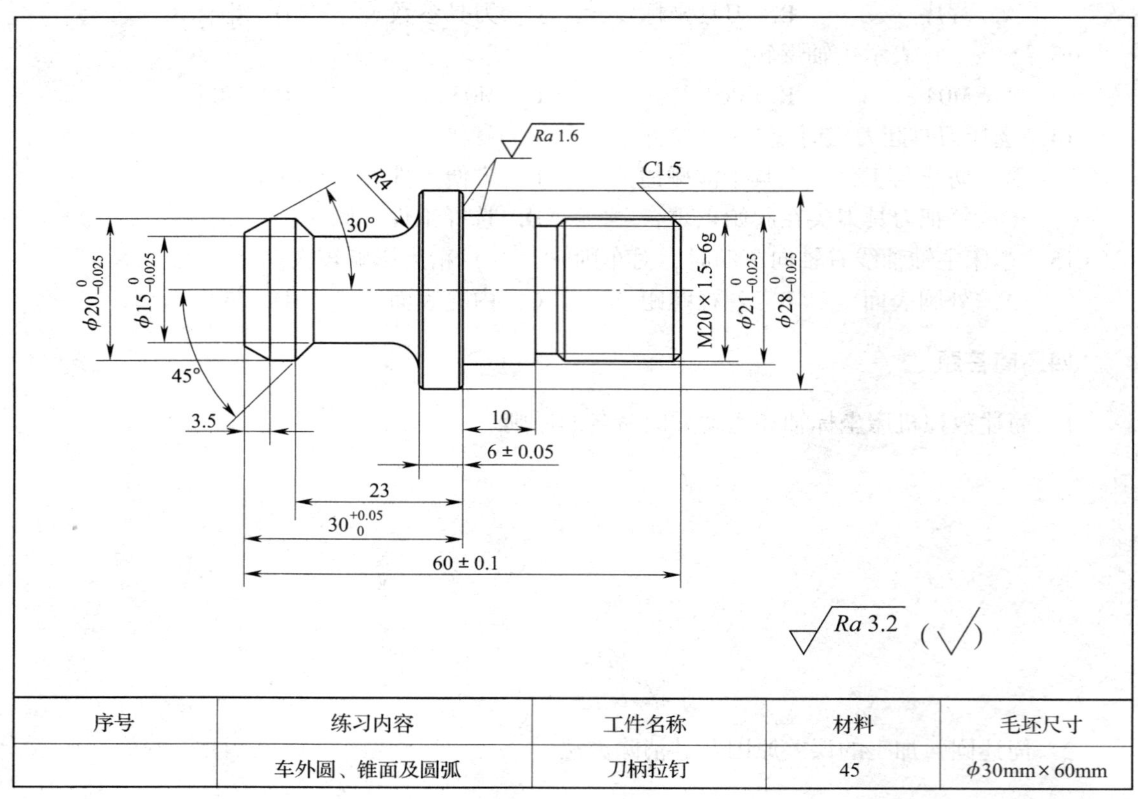

序号	练习内容	工件名称	材料	毛坯尺寸
	车外圆、锥面及圆弧	刀柄拉钉	45	ϕ30mm×60mm

图 2—1—5　刀柄拉钉

1．选择工量具

根据零件图的加工要求，选择工具、量具，填入表 2—1—7 中。

表 2—1—7　　工具、量具准备清单

序号	分类	名称	规格	数量	备注
1	工具				
2	量具				
3	夹具				
4	刀具				

注意：

（1）安装刀片时选择合适的刀片扳手，正确安装刀片，夹紧刀片时力度要适当，千万不能用力过大，否则会造成刀片或刀具配件的损坏。

（2）在数控车床刀架上安装刀具时，直接采用刀架扳手旋紧螺钉，从而夹紧刀具，禁止使用加力杆。

2. 制定加工方案

（1）根据零件特征和加工要求，确定零件的夹具和安装方法。

（2）根据零件加工要求，在表2—1—8中绘制加工工艺简图，并制定加工工艺方案。

表2—1—8　　　　工艺简图及工艺方案

工艺简图	工艺方案

（3）填写数控加工工艺卡

填写表2—1—9。

表 2—1—9 **数控加工工艺卡**

产品名称及型号	零件名称	零件图号	材料	时间定额	基本时间	
	刀柄拉钉		45 钢		辅助时间	

工序名称	工步号	工步内容	刀具号	主轴转速（r/min）	进给量（mm/r）	切削速度（m/min）
数控车						

加工者		设备号		夹具号		切削液	
编制		审核		批准		日期	

3. 编写加工程序

程序	说明

续表

程序	说明

4．加工

完成零件加工，并填写表 2—1—10。

表 2—1—10　　　　加工过程记录表

<table>
<tr><th>序号</th><th>操作步骤</th><th colspan="2">过程记录</th></tr>
<tr><td>1</td><td>开机、回参考点</td><td colspan="2"></td></tr>
<tr><td>2</td><td>装夹工件</td><td colspan="2">（1）采用____________夹具装夹零件。
（2）夹持零件________部位，伸出长度为________ mm。
（3）画出零件装夹示意图：</td></tr>
<tr><td rowspan="4">3</td><td rowspan="4">安装刀具</td><td colspan="2">1 号刀具：</td></tr>
<tr><td colspan="2">2 号刀具：</td></tr>
<tr><td colspan="2">3 号刀具：</td></tr>
<tr><td colspan="2">4 号刀具：</td></tr>
<tr><td>4</td><td>对刀及参数设置</td><td colspan="2">用简图标出对刀点位置：</td></tr>
<tr><td rowspan="2">5</td><td rowspan="2">输入程序并校验</td><td rowspan="2">（1）根据程序绘制刀具轨迹图</td><td>（2）记录错误程序段</td></tr>
<tr><td>（3）改正结果</td></tr>
<tr><td>6</td><td>加工零件</td><td colspan="2">记录加工过程中的现象及问题：</td></tr>
<tr><td>7</td><td>过程检测</td><td colspan="2">粗加工检测结果：______________________
补偿值：X ____________　Z ____________
精加工检测结果：______________________</td></tr>
</table>

5．精度检验与质量分析

（1）分析图纸，需要检验的尺寸要素有哪些？列出需要用到的量具。

（2）填写表 2—1—11。

表 2—1—11　　零件加工精度检测评分表

考核项目	考核内容	配分		评分标准	自检	互检	交检	得分
		IT	*Ra*					
尺寸精度/表面粗糙度	$\phi 21_{-0.025}^{0}$ mm	4	1	超差不得分				
	$\phi 28_{-0.025}^{0}$ mm	4	1	超差不得分				
	M20×1.5－6g	5	1	超差不得分				
	$\phi 15_{-0.025}^{0}$ mm	4	1	超差不得分				
	$\phi 20_{-0.025}^{0}$ mm	4	1	超差不得分				
	$30_{0}^{+0.05}$ mm	4	1	超差不得分				
	6±0.05 mm	4	1	超差不得分				
	*R*4	3		超差不得分				
	45°锥面	3		超差不得分				
	30°锥面	3		超差不得分				
	60±0.10 mm	5		超差不得分				
	23 mm	3		超差不得分				
	10 mm	3		超差不得分				
	3.5	3		超差不得分				
	倒角	3		错误不得分				
其他	安全文明生产	10		违反扣分				
	现场操作规范	10		违反扣分				
	工艺制定	5		扣 1 分/处				
	程序编制	13		扣 1 分/处				
合计								

（3）填写加工质量分析表

在表 2—1—12 中填写外圆和外锥面加工的问题现象、产生的原因、预防和消除措施。

表 2—1—12　　零件加工质量分析

问题现象	产生原因	预防和消除措施

任务四　数控车削塑料碗模具凸模

一、填空题（将正确答案填写在横线上）

1. 变量由变量符号__________________组成。
2. 按变量号码可将变量分为____________、____________、____________。
3. 条件转移语句 IF［#2 LE #3］GOTO20，表示的含义是____。

二、判断题（正确的打"√"，错误的打"×"）

1. 当在程序中定义变量时，小数点是可以省略的。（　　）
2. 在程序中引用变量时，变量号必须放在地址符前面。（　　）
3. #1 = 100. 0；G00 X - #1；执行的结果是 G00 X100. 0。（　　）
4. 当用表达式指定变量时，必须把表达式放入方括号内"［］"。例：G00 X［#1 + 10］Z30. 0。（　　）

三、编程题

如图 2—1—6 所示，应用宏程序编制该椭圆精加工程序。

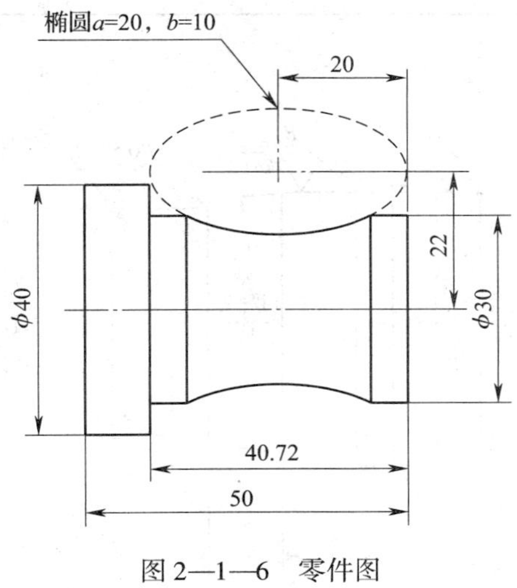

图 2—1—6　零件图

程序	说明

四、实训题

如图 2—1—7 所示，毛坯为 ϕ45 mm × 60 mm 的 45 钢，用 FANUC 0i 系统基本指令及宏程序功能手工编程加工该零件。

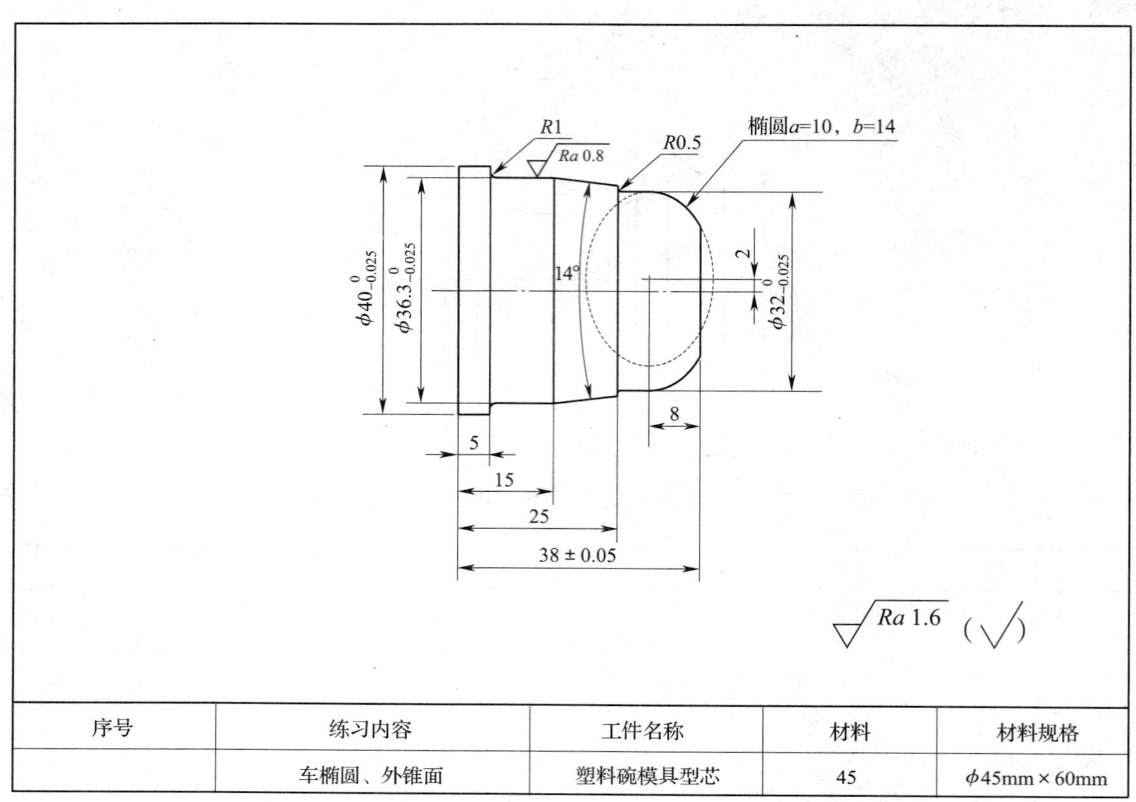

序号	练习内容	工件名称	材料	材料规格
	车椭圆、外锥面	塑料碗模具型芯	45	φ45mm × 60mm

图 2—1—7　塑料碗模具型芯

1．选择工量具

根据零件图的加工要求，选择工量具，填入表 2—1—13 中。

表 2—1—13　　工量具准备清单

序号	分类	名称	规格	数量	备注
1	工具				
2	量具				
3	夹具				
4	刀具				

注意：

注意事项同本课题任务三的实训题。

2. 制定加工方案

（1）根据零件特征和加工要求，确定零件的夹具和安装方法。

（2）根据零件加工要求，绘制加工工艺简图，并制定加工工艺方案，填入表2—1—14中。

表2—1—14　　工艺简图及工艺方案讨论

工艺简图	工艺方案

（3）填写数控加工工艺卡（表 2—1—15）

表 2—1—15 **数控加工工艺卡**

产品名称及型号	零件名称	零件图号	材料	时间定额	基本时间	
	模具型芯		45 钢		辅助时间	

工序名称	工步号	工步内容	刀具号	主轴转速（r/min）	进给量（mm/r）	切削速度（m/min）
数控车						

加工者		设备号		夹具号		切削液	
编制		审核		批准		日期	

3．编写加工程序

程序	说明

续表

程序	说明

4. 加工

完成该零件加工，并填写表 2—1—16。

表 2—1—16　　加工过程记录表

<table>
<tr><th>序号</th><th>操作步骤</th><th colspan="2">过程记录</th></tr>
<tr><td>1</td><td>开机、回参考点</td><td colspan="2"></td></tr>
<tr><td>2</td><td>装夹工件</td><td colspan="2">（1）采用________夹具装夹零件。
（2）夹持零件______部位，伸出长度为______mm。
（3）画出零件装夹示意图：</td></tr>
<tr><td rowspan="4">3</td><td rowspan="4">安装刀具</td><td colspan="2">1 号刀具：</td></tr>
<tr><td colspan="2">2 号刀具：</td></tr>
<tr><td colspan="2">3 号刀具：</td></tr>
<tr><td colspan="2">4 号刀具：</td></tr>
<tr><td>4</td><td>对刀及参数设置</td><td colspan="2">用简图标出对刀点位置：</td></tr>
<tr><td rowspan="2">5</td><td rowspan="2">输入程序并校验</td><td rowspan="2">（1）根据程序绘制刀具轨迹图</td><td>（2）记录错误程序段</td></tr>
<tr><td>（3）改正结果</td></tr>
<tr><td>6</td><td>加工零件</td><td colspan="2">记录加工过程中的现象及问题：</td></tr>
<tr><td>7</td><td>过程检测</td><td colspan="2">粗加工检测结果：________________
补偿值：X __________　Z __________
精加工检测结果：________________</td></tr>
</table>

5. 精度检验与质量分析

（1）分析图纸，需要检验的尺寸要素有哪些？列出需要用到的量具。

(2) 填写表 2—1—17 零件加工精度检测评分表。

表 2—1—17　零件加工精度检测评分表

考核项目	考核内容	配分		评分标准	自检	互检	交检	得分
		IT	*Ra*					
尺寸精度/表面粗糙度	$\phi 36.3_{-0.025}^{0}$ mm	5	2	超差不得分				
	$\phi 40_{-0.025}^{0}$ mm	5	2	超差不得分				
	$\phi 32_{-0.025}^{0}$ mm	5	2	超差不得分				
	椭圆	5	2	超差不得分				
	锥面 14°	4	1	超差不得分				
	15 mm	5		超差不得分				
	*R*1、*R*0.5	3		超差不得分				
	38 ±0.05 mm	5		超差不得分				
	5 mm	2		超差不得分				
	25 mm	2		超差不得分				
	倒角	5		错误不得分				
其他	安全文明生产	15		违反扣分				
	现场操作规范	15		违反扣分				
	工艺制定合理	5		扣 1 分/处				
	程序编制正确	10		扣 1 分/处				
合计								

(3) 填写加工质量分析表

在表 2—1—18 中填入塑料碗模具型芯加工时出现的问题现象、产生原因、预防和消除措施。

表 2—1—18　零件加工质量分析

问题现象	产生原因	预防和消除措施

课题二　数控铣削加工

任务一　数控铣床基础知识与基本操作

一、填空题（将正确答案填写在横线上）

1. 数控机床由四个基本部分组成：____________、数控装置、伺服机构和机床机械部分。

2. 二轴半加工，即二轴联动插补加工，第三轴做________运动。

3. 数控机床的三个原点是指____________、____________、______________。

4. 常用的对刀方法有机外对刀仪对刀、______________、____________、__________四种。

5. X 坐标轴一般是________的，与工件安装面________，且垂直 Z 坐标轴。

6. 机床接通电源后的回零操作是使刀具或工作台退回到____________。

7. 在数控机床的操作中，方式选择主要有：________、________、________、回零、手轮等。

8. 机床开机后，一般应先进行______方式操作。没有手轮时，手动控制机床到达机床或工件坐标系中的某一位置点的操作，在______工作方式下进行。程序单段运行方式，一般是在____________时候使用。

二、选择题（将正确答案的代号填入括号内）

1. 目前数控机床的加工精度和速度主要取决于（　　）。

A. CPU　　B. 机床导轨　　C. 检测元件　　D. 伺服系统

2. （　　）不属于数控装置的组成部分。

A. 输入装置　　B. 输出装置　　C. 显示器　　D. 伺服机构

3. 主轴转速 n（r/min）与切削速度 v（m/min）的关系表达式是（　　）。

A. $n=\pi vD/1\ 000$　　B. $n=1\ 000\pi vD$

C. $v=\pi nD/1\ 000$　　D. $v=1\ 000\pi nD$

4. 变斜角平面的加工采用（　　）。

A. 多坐标联动加工　　B. 斜垫板平面加工

C. 行切法加工　　D. 主轴摆过一个角度来加工

5. CNC 系统常用软件插补方法中，有一种是数据采样法，计算机执行插补程序输出的是数据而不是脉冲，这种方法适用于（　　）。

A. 开环控制系统　　B. 闭环控制系统

C. 点位控制系统　　D. 连续控制系统。

6. 数控机床伺服系统是以（　　）为直接控制目标的自动控制系统。

A. 机械运动速度　　B. 机械位移

C. 切削力　　D. 切削速度

7. 数控机床适于生产（　　）。

A. 大型零件　　B. 大批量零件　　C. 小批量复杂零件　　D. 高精度零件

8. 切削用量中（　　）对刀具磨损的影响最大。

A. 切削速度　　B. 进给量　　C. 进给速度　　D. 背吃刀量

9. 按右手直角坐标系法则，当右手拇指指向 X 轴正方向时（　　）。

A. 食指指向 Z 轴正方向　　B. 中指指向 Y 轴正方向

C. 食指指向 Y 轴正方向　　D. 以上三种说法都不正确

10. 用操作面板上的方向键控制铣床工作台（或主轴）的移动，应在（　　）方式下进行。

A. EDIT　　B. AUTO　　C. JOG　　D. HAND

11. 将铣床控制坐标轴设为 X 轴，手摇脉冲发生器作逆时针转动时，（　　）。

A. 铣刀到工作台垂向距离变小　　B. 铣刀到工作台垂向距离变大

C. 铣刀向右或工作台向左移动　　D. 铣刀向左或工作台向右移动

12. 数控铣床刀具与主轴主要是依靠（　　）传递切削转矩的。

A. 圆锥面结合　B. 螺纹联结　　C. 花键　　D. 端面键

13. 数控机床主轴锥孔的锥度通常为7∶24，之所以采用这种锥度是为了（　　）。

A. 靠摩擦力传递扭矩　　B. 自锁

C. 定位和便于装卸刀柄　　D. 以上几种情况都是

三、判断题（正确的打“√”，错误的打“×”）

1. 数控机床中，所有的控制信号都是从数控系统发出的。（　　）
2. 数控机床控制轴数就等于坐标联动轴数。（　　）
3. 数控铣床的工作台一定能作 X、Y、Z 三个方向移动。（　　）
4. 数控机床通常采用工序分散原则安排工艺路线。（　　）
5. 对刀点可以选择在零件上某一点，也可以选择零件外某一点。（　　）
6. 直接找正法安装工件简单、快速，因此生产率高。（　　）
7. 数控机床适合大批量、高难度工件的加工。（　　）
8. 数控机床的定位精度要高于同一项目的重复定位精度。（　　）
9. 数控机床关闭电源前，通常要先按下急停按钮。（　　）
10. 点位控制系统不仅要控制从一点到另一点的准确定位，还要控制从一点到另一点的路径。（　　）
11. 数控铣床属于直线控制系统。（　　）

四、简答题

1. 数控机床由哪几个基本组成部分？

2. 何谓机床坐标系和工件坐标系？其主要区别是什么？

3. 简述数控机床坐标系 X、Z 轴命名及运动方向的规定。

五、实训题

1. 在系统中输入下列程序，并进行轨迹仿真操作。

```
%
O0001
G54 M3 S666;
G00 X-55.0 Y-50.0;
Z5.0;
G1 Z-6.0 F120;
G41D01 G01 X-37.0 Y-35.0 F66;
G02 X-45.0 Y-27.0 R8.0;
G01 Y-14.0;
X-41.0 Y-10.0;
X-35.0;
G03 X-35.0 Y10.0 R10.0;
G01 X-41.0;
X-45.0 Y14.0;
Y27.0;
G02 X-37.0 Y35.0 R8.0;
G01 X37.0;
G02 X45.0 Y27.0 R8.0;
G01 Y14.0;
X41.0 Y10.0;
X35.0;
G03 X35.0 Y-10.0 R10.0;
```

```
G01 X41.0;
X45.0 Y-14.0;
Y-27.0;
G02 X37.0 Y-35.0 R8.0;
G01 X-37.0;
G40 G01 X-50.0 Y-50.0;
G00 Z50.0;
M30;
%
```

2. 如图 2—2—1 所示，已确定工件坐标系原点位置，试通过对刀操作将工件坐标系原点的机械坐标值输入到数控系统的 G54 中。

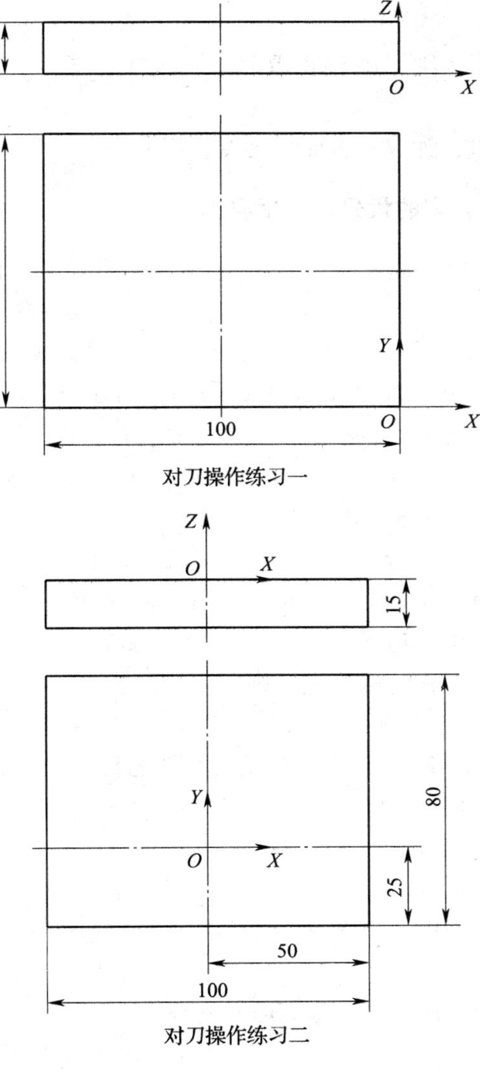

图 2—2—1　对刀操作练习

任务二　数控铣削凸模

一、填空题（将正确答案填写在横线上）

1. 数控机床编程指令代码均采用____________标准。

2. 在钻孔时，钻出的孔径偏大的主要原因是钻头的______________________。

3. 孔加工固定循环的程序格式包括_____________、__________________、______________________、____________、_____________和______________六个动作。

4. FANUC 系统中指令顺圆插补指令是______，左刀补指令是________。

5. 建立或取消刀具半径补偿的偏置是在____________的执行过程中完成的。

6. 在数控铣床上加工整圆时，为避免工件表面产生刀痕，刀具从起始点沿圆弧表面的____________进入，进行圆弧铣削加工；整圆加工完毕退刀时，顺着圆弧表面的__________退出。

7. 在钻孔固定循环指令中，用 G98 指定刀具返回_____________；用 G99 指定刀具返回_____________。

8. 在精铣内外轮廓时，为改善表面粗糙度，应采用__________的进给路线加工方案。

二、选择题（将正确答案的代号填入括号内）

1. 数控铣床中的“MDI”表示（　　）。
   A. 自动循环加工　　B. 手动数控输入
   C. 手动进给方式　　D. 示教方式

2. 在数控铣床操作面板 CRT 上显示“ALARM”表示（　　）。
   A. 系统未准备好　　B. 电池需更换
   C. 系统报警　　D. I/O 口正输入程序

3. 数控中，F1500 表示的进给速度方向为（　　）。
   A. *X* 方向　　B. *Y* 方向　　C. *Z* 方向　　D. 切点切线方向

4. 数铣加工程序段有（　　）指令时，冷却液将关闭。
   A. M03　　B. M04　　C. M08　　D. M30

5. 数铣接通电源后，不作特殊指定，则（　　）有效。
   A. G17　　B. G18　　C. G19　　D. G20

6. 加工程序段出现 G01 时，必须在本段或本段之前指定（　　）之值。
   A. R　　B. T　　C. F　　D. P

7. 取消固定循环应选用（　　）。
   A. G80　　B. G81　　C. G82　　D. G83

8. 为了改善麻花钻横刃的工作条件，修磨横刃时应把横刃（　　）。
   A. 磨长　　B. 磨短　　C. 增大　　D. 减小

9. 圆弧加工指令 G02/G03 中 I、K 值用于指令（　　）。
   A. 圆弧终点坐标　　B. 圆弧起点坐标
   C. 圆心的位置　　D. 起点相对于圆心位置。

10. 刀具半径左补偿方向的规定是（　　）。

A. 沿刀具运动方向看，工件位于刀具左侧

B. 沿工件运动方向看，工件位于刀具左侧

C. 沿工件运动方向看，刀具位于工件左侧

D. 沿刀具运动方向看，刀具位于工件左侧

11. 圆弧插补段程序中，若采用圆弧半径 R 编程时，从起始点到终点存在两条圆弧线段，当圆弧的圆心角（　　）时，用 $-R$ 表示圆弧半径。

A. $<180°$　　B. $=180°$　　C. $\geqslant 180°$　　D. $>180°$

12. 通过钻→扩→铰加工，孔的直径通常能达到的经济精度为（　　）。

A. IT5 ~ IT6　　B. IT6 ~ IT7　　C. IT7 ~ IT8　　D. IT8 ~ IT9

三、判断题（正确的打“√”，错误的打“×”）

1. 圆弧插补用半径编程时，当圆弧所对应的圆心角大于180°时半径取负值。（　　）

2. 不同的数控机床可能选用不同的数控系统，但数控加工程序指令都是相同的。（　　）

3. 通常在编程时，不论何种机床，都一律假定工件静止，刀具移动。（　　）

4. 程序段的顺序号，根据数控系统的不同，在某些系统中可以省略。（　　）

5. 非模态指令只能在本程序段内有效。（　　）

6. 标准麻花钻的横刃斜角为50° ~55°。（　　）

7. 顺时针圆弧插补（G02）和逆时针圆弧插补（G03）的判别方向是：沿着不在圆弧平面内的坐标轴正方向向负方向看去，顺时针方向为G02，逆时针方向为G03。（　　）

四、简答题

1. 数控加工编程的主要内容有哪些？

2. 简述数控机床常见的运行方式和功能。

3．刀具补偿有何作用？有哪些补偿指令？

五、实训题

加工如图 2—2—2 所示型芯零件，材料为 45 钢，毛坯尺寸为 120 mm × 100 mm × 25 mm。

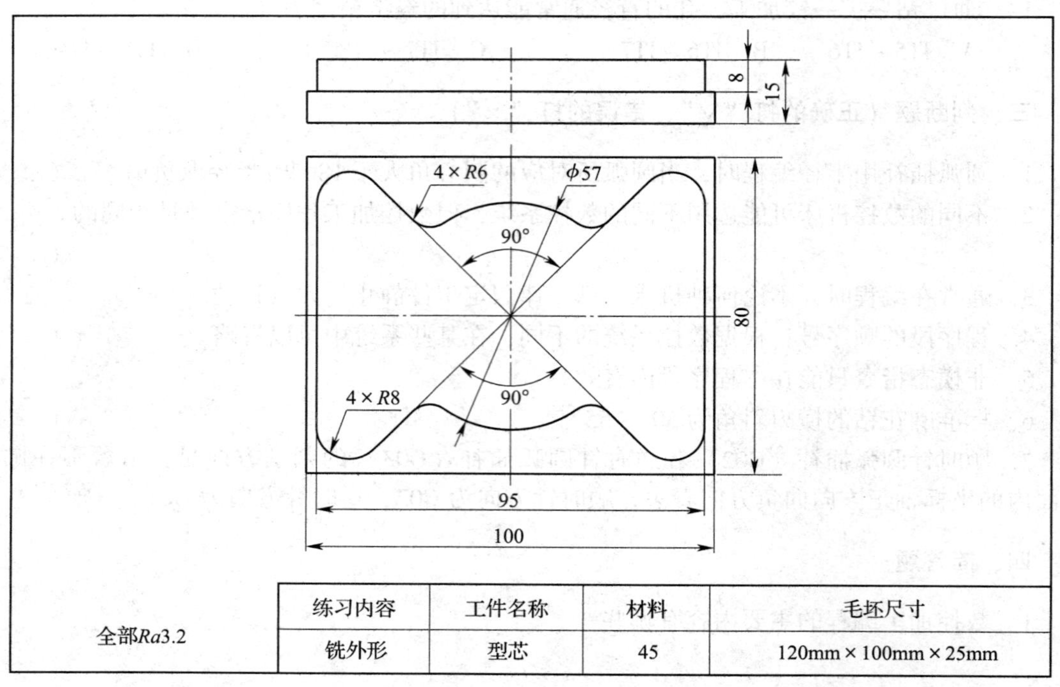

图 2—2—2　型芯零件

1．确定加工方案

（1）正确选择加工刀具、切削用量，并填写在表 2—2—1 中。

表 2—2—1　　**数控加工刀具卡片**

刀具号	刀具规格名称	数量	加工内容	主轴转速（r/min）	进给量（mm/min）	备注

（2）制定型芯的加工工艺，并填入表 2—2—2 中。

表 2—2—2 **数控加工工序卡**

<table>
<tr><td>零件名称</td><td></td><td colspan="2">数量</td><td>1</td><td></td><td>年　月</td></tr>
<tr><td>工序</td><td>名称</td><td colspan="3">工艺要求</td><td>工作者</td><td>日期</td></tr>
<tr><td>1</td><td>备料</td><td colspan="3"></td><td></td><td></td></tr>
<tr><td rowspan="7">2</td><td rowspan="7">数控铣床</td><td>工步</td><td colspan="2">工步内容</td><td>刀具号</td><td></td></tr>
<tr><td></td><td colspan="2"></td><td></td><td></td></tr>
<tr><td></td><td colspan="2"></td><td></td><td></td></tr>
<tr><td></td><td colspan="2"></td><td></td><td></td></tr>
<tr><td></td><td colspan="2"></td><td></td><td></td></tr>
<tr><td></td><td colspan="2"></td><td></td><td></td></tr>
<tr><td></td><td colspan="2"></td><td></td><td></td></tr>
<tr><td>3</td><td>检验</td><td colspan="3"></td><td></td><td></td></tr>
<tr><td>4</td><td>定位图</td><td colspan="5"></td></tr>
<tr><td colspan="2">材料</td><td colspan="2"></td><td colspan="3" rowspan="2">备注：</td></tr>
<tr><td colspan="2">规格数量</td><td colspan="2"></td></tr>
</table>

2. 编写零件加工程序

程序	说明

续表

程序	说明

3．加工精度检测与质量分析

（1）正确使用量具检测型芯，并填写零件加工精度检测评分表（表2—2—3）。

表2—2—3　　零件加工精度检测评分表

考核项目	考核内容	配分	评分标准	检测结果	得分
尺寸精度/表面粗糙度	95	15	超差不得分		
	$\phi 57$	15	超差不得分		
	90°（两处）	10	超差不得分		
	8	10	超差不得分		
	$4 \times R6$	8	超差不得分		
	$4 \times R8$	8	超差不得分		
	$Ra3.2$	10	降级不得分		
	倒角及去毛刺	4	每超差一处扣1分，扣完为止		
工艺	工艺制定合理	10	酌情扣分		
其他	安全文明生产	5	违反规定为不合格		
	现场操作规范	5	违反规定为不合格		
合计		100			

（2）填写加工质量分析表

在表2—2—4中记录问题现象、产生原因、预防和消除措施。

表2—2—4　　型芯加工质量分析

问题现象	产生原因	预防和消除措施

模块三　模具零件的电切削加工

课题一　电火花线切割加工

任务一　电火花线切割机床的基本操作和日常维护

一、填空题（将正确答案填写在横线上）

1. 加工准备包括________、________、________、________、________、________六大功能。

2. 回正限位仅用于检测________，不会改变机床系统数据。

3. 电火花线切割机床点选坐标方式中，按移动方式有________和________。

4. 文件准备模块是读取 NC 文件，并对 NC 文件进行________、________、________的重要模块。

5. 装夹好零件，进入放电加工界面，通过选择所需 NC 文件，启动放电加工，并可以显示________和________。

6. 电极丝常用的丝径有________、________、________和________。

7. 工件的装夹方式有________、________、________、________、________、________六种。

8. 常用的电参数有______、______、______、________、________、______等。

二、选择题（将正确答案的代号填入括号内）

1. 当遇到掉电后重启记忆失败时，需要回各轴的（　　）限位，系统重新恢复螺距补偿，保证机床加工精度。

A. 正　　B. 负

2. 一般最常用的丝径是（　　）。

A. ϕ0.12　　B. ϕ0.14　　C. ϕ0.18

3. 在装夹方式中不需要额外夹具，最简单的是（　　）。

A. 悬臂式装夹　　B. 垂直刃口支撑　　C. 桥式支撑方式

4. 不能使用数控电火花线切割加工的材料为（　　）。

A. 石墨　　B. 铝　　C. 硬质合金　　D. 大理石

5. 电火花线切割机床共有（　　）个用户坐标系，可供用户在不同的坐标系下设置相应的参考点。

A. 5　　B. 99　　C. 6　　D. 1

6. 电火花线切割机床没有（　　）功能。

A. 加工轨迹图形跟踪　　B. 实时多任务操作

C. 自动丝找垂直功能　　D. 掉电记忆功能

7. 电火花线切割机床正确的关机方法为（　　）。

A. 按急停开关　　B. 鼠标点击 LCD 右下角的关机图标

C. 关外网电源

三、判断题（正确的打“√”，错误的打“×”）

1. ISO 代码中 G92 指令不但能把当前点设成零，还能设成非零值。（　　）

2. 程序 G91 G01 X30.0 Y30.0 是指斜线加工到坐标 X30.0 Y30.0 位置。（　　）

3. 多孔位加工过程中，若加工至第二个孔时出现了断丝，使用机床的“回起始点”功能回到的是第一个孔的起点。（　　）

4. 电火花线切割机床使用的水基切割液，正确的浓度值应控制在 11% ~12.5% 之间。（　　）

5. 加工程序中的 M02 和 M00 的作用是一样的。（　　）

6. 电火花线切割机床加工断丝后，可以“回暂停点”或者“回起始点”穿丝继续加工。（　　）

7. 进行锥度加工时，放电加工界面中的“工件厚度”值必须准确输入，否则影响精度。（　　）

四、简答题

1. 执行程序中，发现当前点的位置没有在程序轨迹上，是什么原因？

2. 简述上丝、穿丝的步骤。

3. 线切割机床常用工件找正的方法有哪些？

4．线切割机床定期保养的内容主要有哪些？

5．简述电火花线切割机床安全操作规程。

五、实训题

1. 完成线切割机床的开机、关机、打开工作液、操作手柄移动机床工作台等操作。
2. 在线切割机床上完成上丝和穿丝操作。

任务二　电火花线切割加工冲裁凸模

一、填空题（将正确答案填写在横线上）

1. G02 总称为字，其中 G 为______，02 为____________。

2. G 为指令动作方式的____________地址，可指令______、______、______等，其后续数字一般为两位数（00～99）。

3. M 为____________地址，其后续数字一般为两位数（00～99），如 M02。

4. 地址 D、H 用于指定__________，地址 L 用于指定子程序的________________。

5. 快速定位指令 G00 使电极丝________________________到指定位置。

6. G90 是____________指令，G91 是____________指令，G92 是________________指令。

二、选择题（将正确答案的代号填入括号内）

1. 加工凸模，若选用顺时针方向加工，程序中的补偿指令为（　　）。
   A. G41　　B. G42　　C. G40　　D. G52
2. G02 表示（　　）指令。
   A. 顺时针圆弧插补　　B. 逆时针圆弧插补
   C. 直线插补　　D. 快速定位
3. 程序中的补偿量是为了补偿电极丝半径和（　　）带来的尺寸变化。
   A. 装夹力　　B. 热胀冷缩
   C. 放电间隙　　D. 变形
4. 程序面高度 0.0 加工一个正锥 3 度的孔（上小下大），（　　）代码是正确的。
   A. G41 G51 A -3.0　　B. G41 G52 A 3.0
   C. G42 G51 A 3.0　　D. G42 G52 A 3.0
5. G04 代码功能是（　　）。
   A. 暂停指令　　B. 加工指令
   C. 插补指令　　D. 定位指令

三、判断题（正确的打"√"，错误的打"×"）

1. M02 表示程序结束。（　　）
2. 在程序段 G00 X10. G01 Y -10.；内有 G00 和 G01 则出错。（　　）
3. 加工如图 3—1—1 所示圆弧，*A* 为起点，*B* 为终点，用 ISO 格式编制线切割程序为"G03 X9.0 Y -2.0 I2.0 J -9.0;"。（　　）

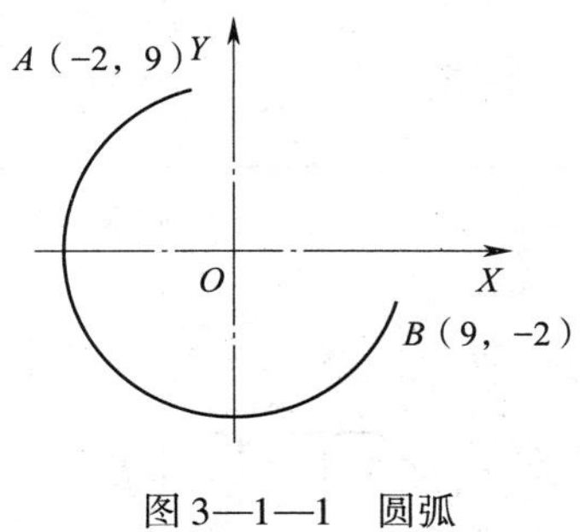

图3—1—1　圆弧

四、简答题

1. 请解释“G03 X－5. 000 Y0. 000 I－5. J0. ;”的含义。

2. 需要在模板上切割一个有位置要求的型腔，已经在模板上加工了穿丝孔。出现以下两种情况分别应怎样处理?

（1）发现穿丝孔打偏了（穿丝孔位置有偏差）。

（2）将电极丝穿入孔内后，处于短路状态，不能启动加工。

五、实训题

1. 加工如图 3—1—2 所示凸、凹模。

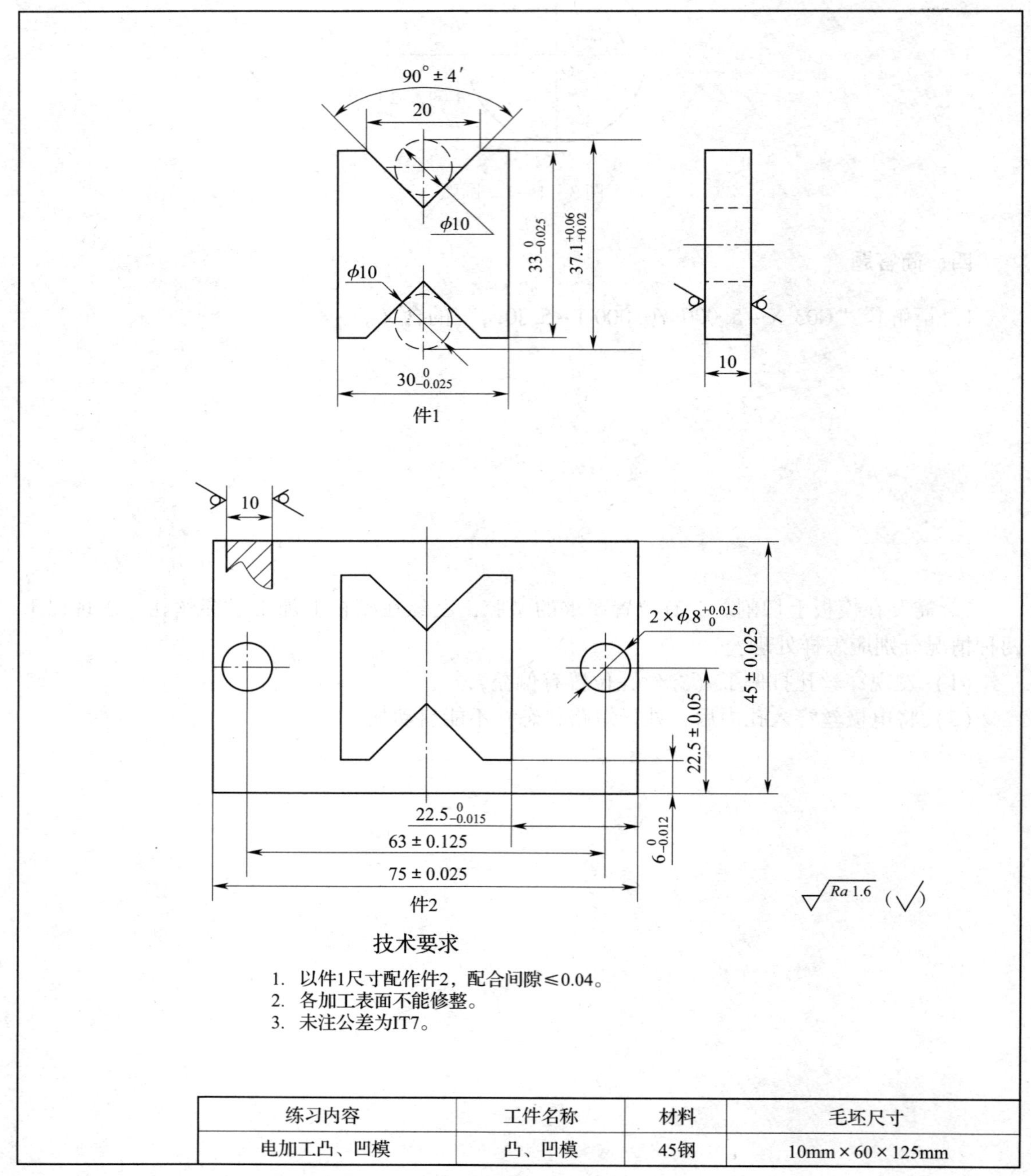

图 3—1—2　凸、凹模零件图

(1) 确定加工方案

正确选择切削用量，制定凸、凹模加工工艺，并填写在表 3—1—1 中。

表 3—1—1　　凸、凹模加工工艺表

序号	项目	内容	备注
1	起割点或加工点位置		
2	电切削初始参数		
3	电极材料及规格		
4	偏移方式及偏移量		
5	电极丝安装及找正方法		
6	工件装夹、找正方法		
7	电切削调整参数		

(2) 加工精度检测与质量分析

1) 正确使用量具检测光轴，并填写零件加工精度检测评分表（表 3—1—2）。

表 3—1—2　　零件加工精度检测评分表

考核项目	考核内容	配分	评分标准	检测结果	得分
尺寸精度/表面粗糙度	75 ± 0.025	4	超差全扣		
	45 ± 0.025	4	超差全扣		
	63 ± 0.125	4	超差全扣		
	22.5 ± 0.05	4	超差全扣		
	$22.5^{0}_{-0.015}$	4	超差全扣		
	$6^{0}_{-0.012}$	4	超差全扣		
	$\phi 8^{+0.015}_{0}$	3×2	超差全扣		
	$90° \pm 4'$	4	超差全扣		
	$30^{0}_{-0.025}$	4	超差全扣		
	$33^{0}_{-0.025}$	4	超差全扣		
	$37.1^{+0.06}_{+0.02}$	4	超差全扣		
	$Ra1.6$（配合面及孔壁）	0.5×22	超差全扣		
	配合间隙≤0.04	2×10	超差全扣		
	工件缺陷	倒扣分	酌情扣分，重大缺陷加工质量评估项目全扣		
程序编制	加工点设置符合工艺要求	3	不合理全扣		
	电切削参数选择符合工艺要求	2	不合理全扣		
	电极材料规格选择正确	2	不合理全扣		
	工件装夹找正符合工艺要求	3	不合理每处扣 1～3 分		

续表

考核项目	考核内容	配分	评分标准	检测结果	得分
机床调整辅助技能	电极安装及找正符合规范	3	不符合要求每次扣1分		
	工件装夹、找正操作熟练	3	不规范每次扣1分		
	机床清理、复位及保养	4	不符要求全扣		
其他	安全文明生产	3	不合理全扣		

2）填写加工质量分析表

在表3—1—3中记录问题现象、产生原因、预防和消除措施。

表3—1—3　　凸、凹模的质量分析

问题现象	产生原因	预防和消除措施

课题二　电火花成形加工

任务一　电火花成形机的基本操作和日常维护

一、填空题（将正确答案填写在横线上）

1．电火花成形机准备屏中有________、________、________、________四个功能区。

2．北京阿奇夏米尔SP系列数控电火花机床的手控盒，当选择了单步挡时每按一次所选轴向键，机床移________mm，高速和中速又分为0～9共________挡。

3．PUMP是________，HALT是________ST是________。

4．电火花加工常用的电极材料主要有________和________，特殊情况下也可以采用________与________。

5．石墨电极一般采用________，有时也可采用________、________

等方法。

6. 电火花加工用的纯铜必须是____________________，最好经过______。

7. 电火花型腔加工的工具电极在设计时通常包括____________________、____________________、________________________、______________________________、__________几个部分。

8. 电极装夹方式有______________和______________两种，分别使用______________和______________来装夹电极。

二、选择题（将正确答案的代号填入括号内）

1. 下面对脉冲放电能量叙述正确的一项是（　　）。

A. 脉冲放电能量密度较低。

B. 脉冲能量是以极长的时间作用在材料上。

C. 脉冲放电能量能够加工普通机械难以完成的特殊材料。

D. 脉冲放电持续进行，才能产生大量能量。

2. 对两电极临近状态叙述正确的是（　　）。

A. 两极之间的距离小到一定距离时，阳极会逸出电子。

B. 在电场作用下，阴极的电子会高速向阳极运动。

C. 两极临近，电子到达阳极时介质不会被击穿。

D. 两极间距小到一定值时，电源不通过放电柱释放能量。

3. 对脉冲宽度叙述正确的一项是（　　）。

A. 在特定的工艺条件下，脉宽增加，切割速度提高，表面粗糙度增大。

B. 通常情况下，脉宽的取值不一定要考虑工艺指标及工件的性质、厚度。

C. 一般设置脉冲放电时间，最大取值范围是 50 μs。

D. 中、粗加工，工件材质切割性能差，较厚时，脉宽取值一般偏小。

4. 电磁工作台是利用导磁性材料制成的（　　）夹具。

A. 专用　　B. 可调　　C. 通用　　D. 组合

5. 对于大中型及型腔复杂的模具，可以采用多电极加工，各个电极可以是（　　）。

A. 独块的　　B. 镶拼的　　C. 视情况而定　　D. 以上都可以

6. 常常有人埋怨电源的电极损耗异乎寻常的大，这往往是由于极性接反了，或者是用（　　）进行型腔的粗加工。

A. 高频　　B. 低频　　C. 中频　　D. 大脉宽

三、判断题（正确的打“√”，错误的打“×”）

1. 电火花加工时，若工件与加工所用的工具为极性不同的电极对，则电极对之间没有工作液。（　　）

2. 在数据输入区中输入数据的默认单位为 mm。（　　）

3. 当机床启动后一般不需要回原点。（　　）

4. “ACK”为确认键。在某些情形下，系统会提示操作人员对当前的操作进行确认，此时按此键。（　　）

5. 电火花加工过程中，电极用于传输电脉冲，蚀除工件材料，而电极本身一般不损耗。（　　）

6. 石墨电极适用于加工蚀除量较小的型腔、无精细线条的型腔、一个电极加工完成的型腔。（　　）

7. 纯铜电极低耗加工的最小表面粗糙度值比石墨小一级。（　　）

8. 因工件的形状、大小各异，电火花加工工件的装夹方法有很多种。通常用磁盘来装夹工件。（　　）

9. 电极的装夹与校正对电加工质量影响不大。（　　）

四、简答题

1. 比较石墨电极和纯铜电极的电加工性能和应用范围。

2. 简述电极材料的特点。

五、实训题

完成电火花成形机床开机、关机、打开工作液、关闭工作液等基本操作。

任务二　电火花成形加工冲裁模凹模漏料孔

一、填空题（将正确答案填写在横线上）

1. 电火花加工的主要工艺指标有________、________、________、________、________等。

2. 电火花加工过程中，在火花放电局部的瞬时高温高压下材料的表面层发生了很大变化，此时表面层可分为________和________。

3. 数控电火花加工工艺方法的内容较多，主要有________、________、________、________、________等。

4. 电极结构可分为________、________和________等三种。

5. 电极材料的选取直接关系到放电的效果。在很大程度上，材料选取的是否恰当，决定了____________、____________以及______________的最终情况。

6. 找正用千分表的结构由________和____________组成。

7. 找正时，百分表应与机床______。否则，表头与工件接触时机床会因为短路而报警，造成机床锁死而无法移动。

8. 多电极更换法优点是____________高，尤其适于______________的型腔加工。它的缺点是：需要制造______________，要求____________一致性好；在更换电极时要有较高的____________。

9. 电极的找正方法有__________________、____________、______________和________________。

二、选择题（将正确答案的代号填入括号内）

1. 人工校正时，若圆柱形电极全部为旋转体形状，则只需校正（　　）。
   A. 平行度　　B. 垂直度　　C. X 水平方向　　D. Y 水平方向
2. 电极下移距离应（　　）电极与工件间的距离。
   A. 小于　　B. 大于　　C. 等于　　D. 以上都可以
3. 两电极击穿时，电源通过放电通道释放能量，其温度达（　　）℃。
   A. 1 000　　B. 5 000　　C. 3 000　　D. 4 000
4. 加工速度是指在单位时间内，工件被蚀除的（　　）。
   A. 面积　　B. 体积　　C. 长度
5. 在电火花加工中，工具电极损耗直接影响（　　）。
   A. 粗糙度　　B. 加工精度　　C. 加工效率

三、判断题（正确的打“√”，错误的打“×”）

1. 单电极直接成形工艺是指电火花加工中只用一只电极加工出所需的型腔部位。（　　）
2. 整体式电极整个电极用一块材料加工而成，是最常用的结构形式。（　　）
3. 很多企业在选择电极材料上，根本就不作考虑，大小电极一律习惯选用纯铜。（　　）
4. 电极的制作使用普通机床就够了，不需要使用数控机床。（　　）
5. 目前国内企业基本上还在采用煤油作为电火花工作液。（　　）

四、简答题

1. 单电极直接成形工艺适用于哪些情况？

2．合理选择电极材料，可以从哪些方面进行考虑？

3．加工漏料孔时，装夹和找正工件的注意事项有哪些？

4．简述阿奇夏米尔 SP 系列电火花成形机床放电加工的步骤。

5. 电火花成形加工常用的加工方法有哪些？

6. 电极的制作方法有哪些？

五、实训题

加工如图 3—2—1 所示凹模。

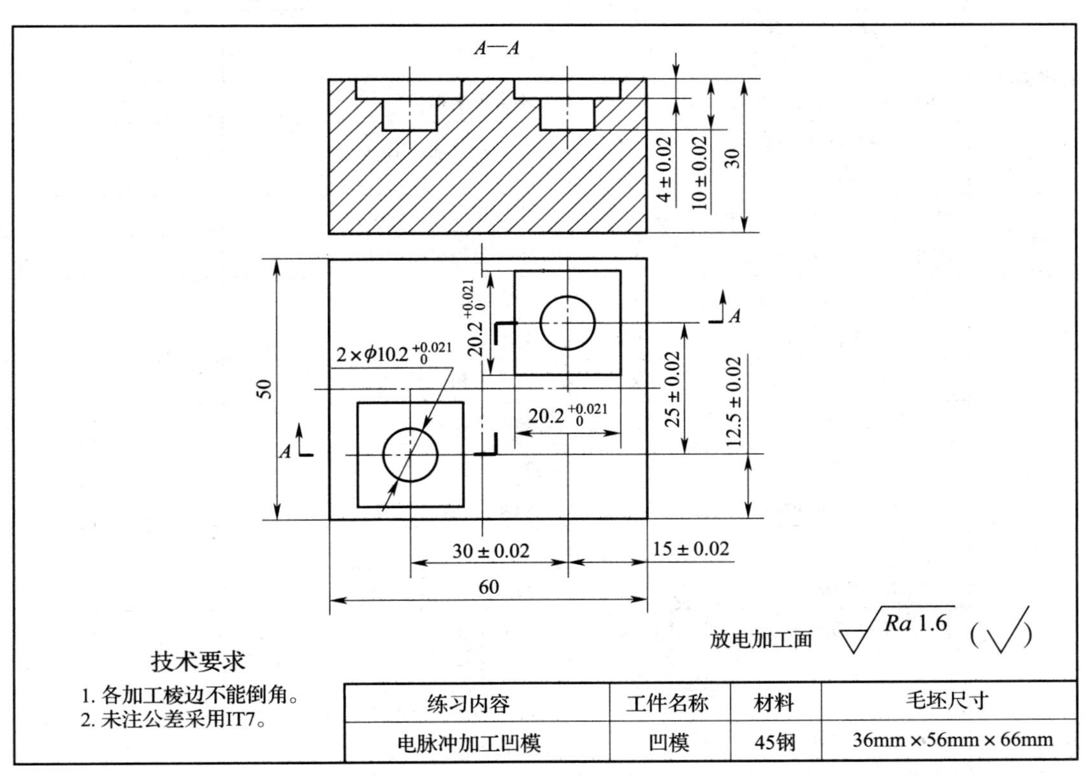

练习内容	工件名称	材料	毛坯尺寸
电脉冲加工凹模	凹模	45钢	36mm × 56mm × 66mm

图 3—2—1　凹模零件图

1. 制定加工方案

正确选择切削用量，制定凹模加工工艺，并填写在表 3—2—1 中。

表 3—2—1　　凹模加工工艺表

序号	项目	内容	备注
1	起割点或加工点位置		
2	电切削初始参数		
3	电极材料及规格		
4	偏移方式及偏移量		
5	工件装夹方法或方式		
6	电极安装及找正方法		
7	工件装夹、找正方法		
8	电切削调整参数		

2. 加工精度检测与质量分析

（1）正确使用量具检测光轴，并填写零件加工精度检测评分表（表 3—2—2）。

表 3—2—2　　零件加工精度检测评分表

考核项目	考核内容	配分	评分标准	检测结果	得分
程序编制	加工点设置符合工艺要求	3	不合理全扣		
	电切削参数选择符合工艺要求	2	不合理全扣		
	电极材料规格选择正确	2	不合理全扣		
	工件装夹找正符合工艺要求	3	不合理每处扣 1 ~ 3 分		
机床调整辅助技能	电极安装及找正符合规范	3	不符要求每次扣 1 分		
	工件装夹、找正操作熟练	3	不规范每次扣 1 分		
	机床清理、复位及保养	4	不符要求全扣		
加工质量评估	$\phi 10.2^{+0.021}_{0}$ mm	3 × 2	超差全扣		
	$20.2^{+0.021}_{0}$ mm	3 × 4	超差全扣		
	30 ± 0.02 mm	2	超差全扣		
	15 ± 0.02 mm	2 × 2	超差全扣		
	25 ± 0.02 mm	2	超差全扣		
	12.5 ± 0.02 mm	2 × 2	超差全扣		
	10 ± 0.02 mm	5 × 2	超差全扣		
	4 ± 0.02 mm	4 × 2	超差全扣		
	Ra1.6 mm	2 × 14	超差全扣		
	工件缺陷	倒扣分	酌情扣分，严重缺陷加工质量评估项目不得分		
文明生产	人身、机床、刀具安全	倒扣分	每次倒扣 5，重大事故记总分零分		

（2）填写加工质量分析表

在表 3—2—3 中记录问题现象、产生原因、预防和消除措施。

表 3—2—3　　零件加工质量分析

问题现象	产生原因	预防和消除措施

模块四　典型模具零件加工工艺制定

课题一　冷冲模主要零件加工工艺的制定

任务一　制定冷冲模凸模加工工艺

一、填空题（将正确答案填写在横线上）

1. ______是冷冲模中主要的工作零件之一。

2. 冷冲模常用的结构形式有______凸模和________凸模，其中，非圆形凸模可以采用________、________或________。

3. 合理间隙的取值直接影响冲裁件的____________和____________。

4. 光亮带是______和____________，落料件的光亮带处于大端尺寸，冲孔件的光亮带处于______尺寸；且落料件的______（光面）尺寸等于凹模尺寸，冲孔件的小端（光面）尺寸等于凸模尺寸。

5. 落料时，由于落料件的外径尺寸等于凹模的内径尺寸，所以在设计落料模时，应先确定______刃口尺寸。

6. 凸、凹模之间应保证合理的间隙值。由于间隙在模具磨损后会增大，所以在设计凸、凹模时均取______合理间隙（Zmin）。

7. 模具刃口尺寸及公差的计算与加工方法有关，基本上可以分为两类，一种是______，另一种是____________。

8. 凸模属于长轴类零件，从长度上可分为两部分：__________和__________。

二、选择题（将正确答案的代号填入括号内）

1. 冷冲模凸模常用的结构形式有（　　）凸模和非圆形凸模。

A. 圆形　　B. 矩形　　C. 锯齿形

2. 落料件的（　　）（光面）尺寸等于凹模尺寸，冲孔件的小端（光面）尺寸等于凸模尺寸。

A. 小端　　B. 大端　　C. 任意位置

3. 凸模轮廓越使用越小，凹模轮廓越使用越大，结果使间隙越使用（　　）。

A. 越小　　B. 越大　　C. 不变

4. 配合加工就是先按设计尺寸制出（　　）基准件（凸模或凹模），再根据基准件的实际尺寸按最小合理间隙配作另一件。

A. 一个　　B. 两个　　C. 三个

三、判断题（正确的打“√”，错误的打“×”）

1. 凸模是冷冲模中主要的工作零件之一。工作部分要求具有较高的硬度、耐磨性和良好的韧性，硬度通常为58～62HRC，多用高碳钢制造。（　）

2. 冲孔时，以凹模为基准，间隙取在凸模上，冲裁间隙通过增大凹模刃口尺寸来取得。（　）

3. 根据凸模和凹模刃口在使用过程中的磨损规律，设计落料模时，凹模基本尺寸应取接近或等于工件的最小极限尺寸。（　）

4. 在选择模具刃口制造公差时，要考虑工件精度与模具精度的关系，即要保证工件的精度要求，又要保证有合理的间隙值。（　）

5. 分开加工就是分别规定凸模和凹模的尺寸和公差，分别进行制造。用凸模与凹模的尺寸来保证间隙要求。（　）

6. 根据计算原则，冲孔时以凸模为设计基准，首先确定凸模尺寸，使凸模的基本尺寸接近或等于工件孔的最大极限尺寸。（　）

四、简答题

1. 冷冲模凸模有哪些性能要求？

2. 冷冲模凸模有哪些结构形式？

3. 简述凸模和凹模刃口尺寸计算的原则。

五、实训题

1. 加工如图 4—1—1 所示的冷冲模凸模零件。

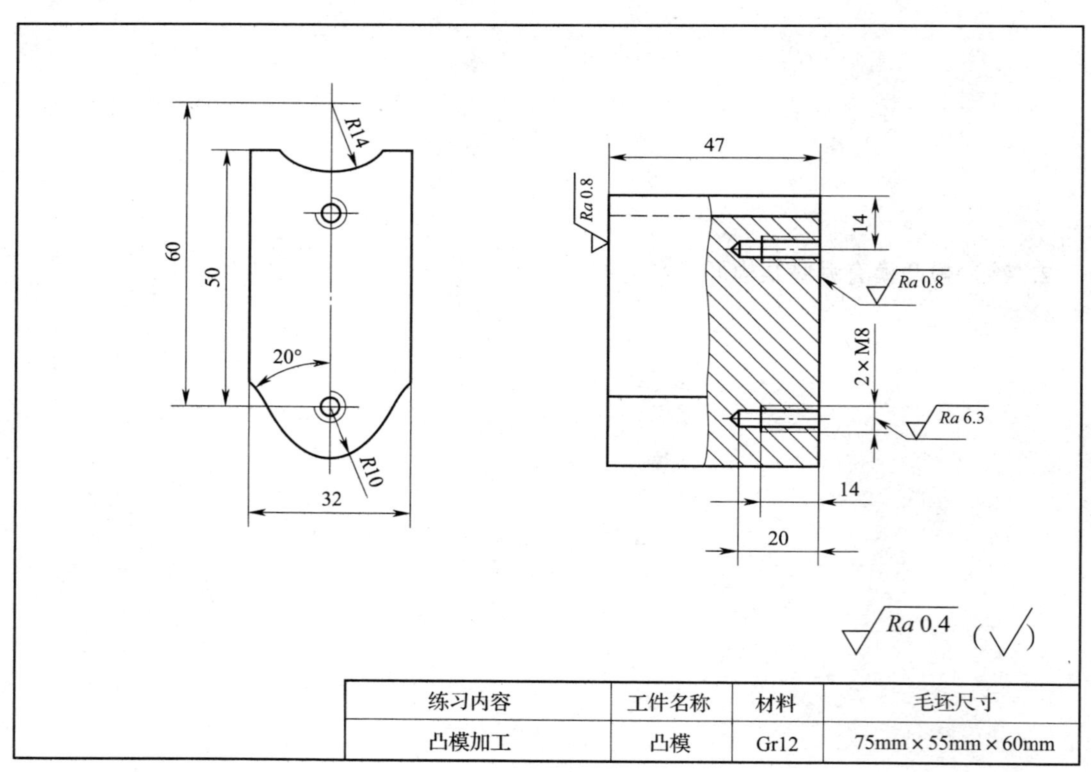

练习内容	工件名称	材料	毛坯尺寸
凸模加工	凸模	Gr12	75mm × 55mm × 60mm

图 4—1—1　冷冲模凸模零件图

2. 制定加工工序卡（表4—1—1）。

表4—1—1　　加工工序卡

工序号	工艺名称	工序名称

任务二　制定冷冲模凹模加工工艺

一、填空题（将正确答案填写在横线上）

1. 冷冲模凹模是冷冲模中主要工作零件之一。在其加工工艺过程中，要达到刃口的________和________性能。

2. 冷冲模凹模是指在冲压过程中，与______配合直接对制件进行分离或成形的工作零件。

3. 整体式凹模，结构________强度______，但在使用中，若有凹模刃口局部磨损、损坏必须整体更换，制造成本较______。

4. 在冲压时，坯料对凹模刃口产生很大的__________，导致凹模易与制件或废料发生摩擦、产生磨损。

5. 合理的__________间隙能保证制件有较好的断面质量和较高的尺寸精度。

6. 凹模外形较简单，一般是______或______，其尺寸精度要求不高。

二、选择题（将正确答案的代号填入括号内）

1. 冷冲模凹模是冷冲模中主要工作零件之一。工作部分要求具有较高的硬度、耐磨性和良好的韧性，硬度通常为（　　）HRC。

A. 30～54　　B. 45～55　　C. 60～64

2. 凹模漏料孔的尺寸比轮廓尺寸（　　），落料时不致刮伤制品。

A. 稍小　　B. 稍大　　C. 相同

3. 整体式凹模适用于生产（　　）冲压件及尺寸精度要求较高的零件。

A. 小型　　B. 大型　　C. 超大

4. 合理的凹模刃口间隙能保证制件有较好的断面质量和（　　）的尺寸精度。

A. 较低　　　　　　B. 较高　　　　　　C. 相同

三、判断题（正确的打"√"，错误的打"×"）

1. 锻造完，应对毛坯进行热处理，主要是为了增加内应力，改善毛坯的整体性能。（　）

2. 在线切割机床上，先装夹工件，钻穿丝孔，后线切割加工凹模侧面，留最终研磨的余量。（　）

3. 冷冲模凹模工作部分要求具有较低的硬度、耐磨性和良好的韧性，硬度通常为 60～64HRC。（　）

4. 凹模是冷冲模的主要工作零件。凹模有与制件轮廓一样形状的锋利刃口，两者之间存在很小的间隙。（　）

5. 在冲压时，坯料对凹模刃口产生很大的侧压力，导致凹模易与制件或废料发生摩擦、产生磨损。（　）

6. 凹模工作部分硬度为 38～40HRC，往固定部分方向，硬度逐渐降低，但最低不小于 60～64HRC。（　）

四、简答题

1. 冷冲模凹模结构形式有哪些？

2. 冷冲模凹模具备哪些性能要求？

五、实训题

加工如图 4—1—2 所示冷冲模凹模零件。

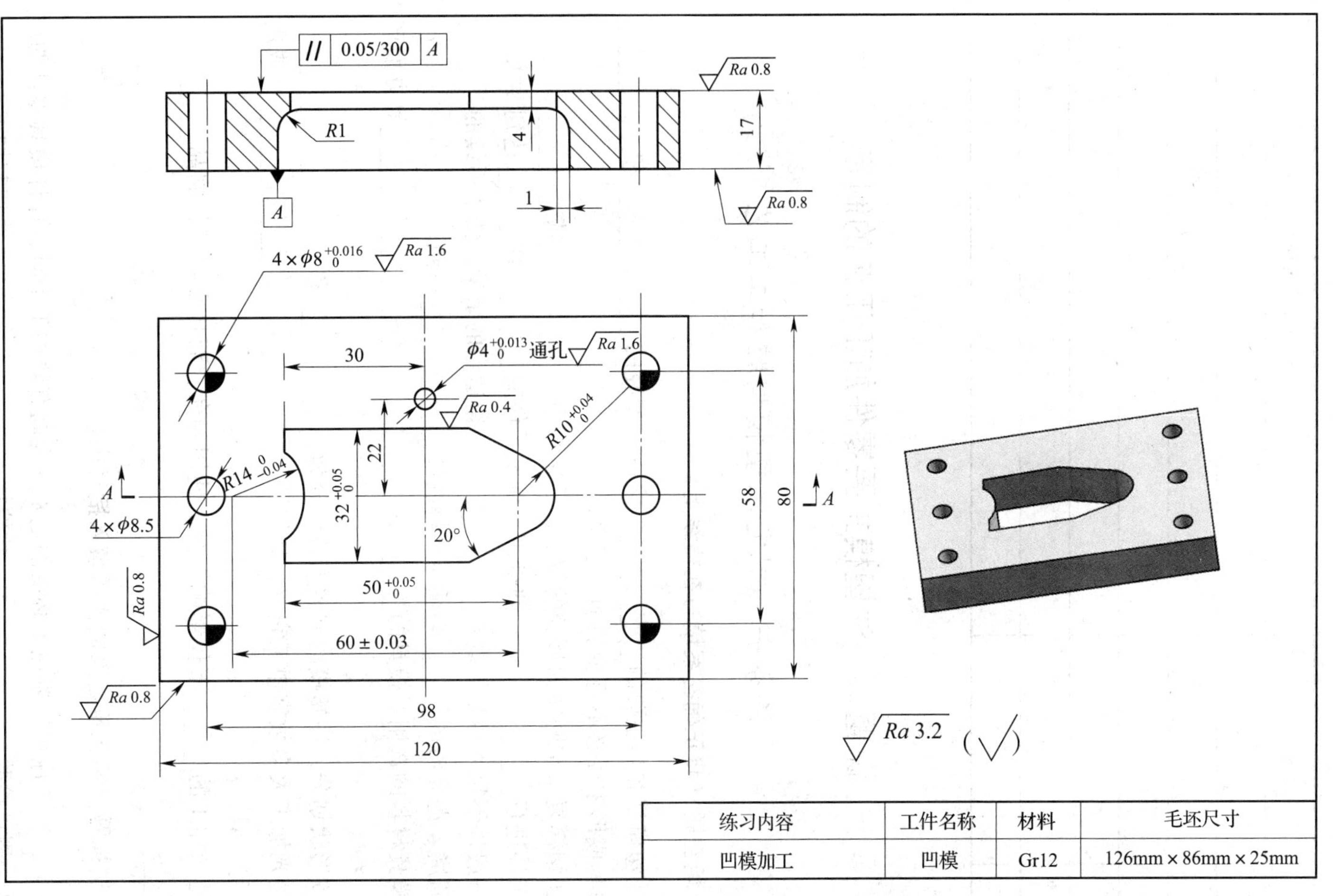

练习内容	工件名称	材料	毛坯尺寸
凹模加工	凹模	Gr12	126mm×86mm×25mm

图 4—1—2　冷冲模凹模零件图

制定加工工序卡（表4—1—2）。

表4—1—2 **加工工序卡**

工序号	工艺名称	工序名称

课题二　注塑模主要零件加工工艺的制定

任务一　制定注塑模型腔加工工艺

一、填空题（将正确答案填写在横线上）

1．注塑模型腔是主要的____________之一，型腔的____________和________________是塑料模具成形零件必不可少的加工工序。

2．注塑模复杂空间曲面型腔的铣削，通常采用____________或____________。

3．工件进行______、______热处理，调整零件的______，使______达到要求。

4．一般外形尺寸尽量控制在________尺寸，留适当的余量，便于后续的____________。

5．研磨、抛光时的______必须与塑料制件____________一致。

6．模具材料的选用对模具的______、______、____________、______等方面产生很大影响。

7．按形状划分，注塑模的型腔大致可分为____________和________________。

8．抛光加工大多数靠钳工完成，如使用______、______、______________或用______软轴磨头等工具。

9．抛光加工的______不仅影响模具的使用寿命，而且影响塑料制品______________、__________。

二、选择题（将正确答案的代号填入括号内）

1．（　　）工序可以避免不必要的返工并提高有效加工工时，保证模具零件的质量。

A．测量检验　　B．数控加工　　C．线切割加工

2．型腔、型芯的表面粗糙度值一般要求为（　　），有些有镜面要求的成形零件表面粗糙度值甚至要求更小。

A. Ra1 ~2 μm　　B. Ra 0.1 ~0.2 μm　　C. Ra 0.2 ~0.5 μm

3. 抛光时，工具上的磨料以每秒（　　）次以上的频率进行振动，即进行高速微细切削，切削次数多，金属切除量大，因而抛光效率高。

A. 一万　　B. 二万　　C. 五万

4. 铣削矩形型腔各个面时，六个面分别按最大外形尺寸单面留（　　）的加工余量。

A. 5 ~8 mm　　B. 1 ~5 mm　　C. 0.5 ~0.8 mm

5. 一般安排在机械加工前的热处理有（　　）。

A. 淬火　　B. 渗碳　　C. 退火

6. 型腔零件常规机械加工主要有（　　）。

A. 电火花　　B. 超声波　　C. 车削

三、判断题（正确的打"√"，错误的打"×"）

1. 工件退火是为了消除粗加工引起的材料内应力。（　　）
2. 注塑模型腔是用来成形塑件外表面的零件。（　　）
3. 塑料模型芯和型腔的成形部分都要有脱模斜度。（　　）
4. 大部分模具要进行必要的热处理，以提高模具的使用寿命。（　　）
5. 电解加工时，以被加工的工件为阴极，修磨工具为阳极，电解液从两极之间通过，两极由一低压直流或脉冲电源供电。（　　）
6. 电解装置结构简单，操作方便，电解液无毒，工作电压低，便于推广。（　　）
7. 超声波抛光是超声波加工的一种特殊应用，它对工件进行抛光，降低工件的表面粗糙度值，甚至可将工件表面抛光到镜面的程度。（　　）

四、简答题

1. 塑料模型腔的结构有什么特点？

2. 塑料模型腔一般有哪些技术要求？

3. 注塑模型腔有哪些加工方法?

4. 什么是超声波抛光?

任务二　制定注塑模型芯加工工艺

一、填空题（将正确答案填写在横线上）

1. 通常型芯的加工一般采用______、______、______、______、______、________、______、线切割加工的方法，但是当型芯有内凹入形状的___________时，也可以采用加工型腔中的___________加工工序。

2. 注塑模型芯的结构形式主要有_______和_______。形状简单的型芯和模板可以做成_____________；形状比较复杂或形状虽不复杂，但考虑到节省钢材，减少加工量多采用___________，可采用___________。

二、选择题（将正确答案的代号填入括号内）

1. 研磨、抛光加强肋板槽和各个电加工部位，要求研磨抛光至表面粗糙度值为（　　）。

A. *Ra*0. 1 ~ 0. 2 μm　　B. *Ra*0. 2 ~ 0. 4 μm　　C. *Ra*0. 4 ~ 0. 6 μm

2. 塑料模型芯淬火和回火至硬度为（　　）。

A. 54 ~ 58HRC　　B. 50 ~ 54HRC　　C. 58 ~ 62HRC

3. 不是塑料模型芯固定方法的有（　　）。

A. 过渡配合　　B. 过盈配合　　C. 铆接法

三、判断题（正确的打“√”，错误的打“×”）

1. 整体式型芯结构适用于成形形状简单的中、小型塑料制品模具。（　）
2. 预硬钢型芯的硬度为 50 ~ 60HRC。（　）

四、简答题

1. 注射模型芯的结构有哪些特点？

2. 注射模型芯加工有哪些要点？

3. 简述注射模合金钢型芯的加工工艺流程。

五、实训题

1. 加工如图 4—2—1 所示典型注塑模型芯零件。

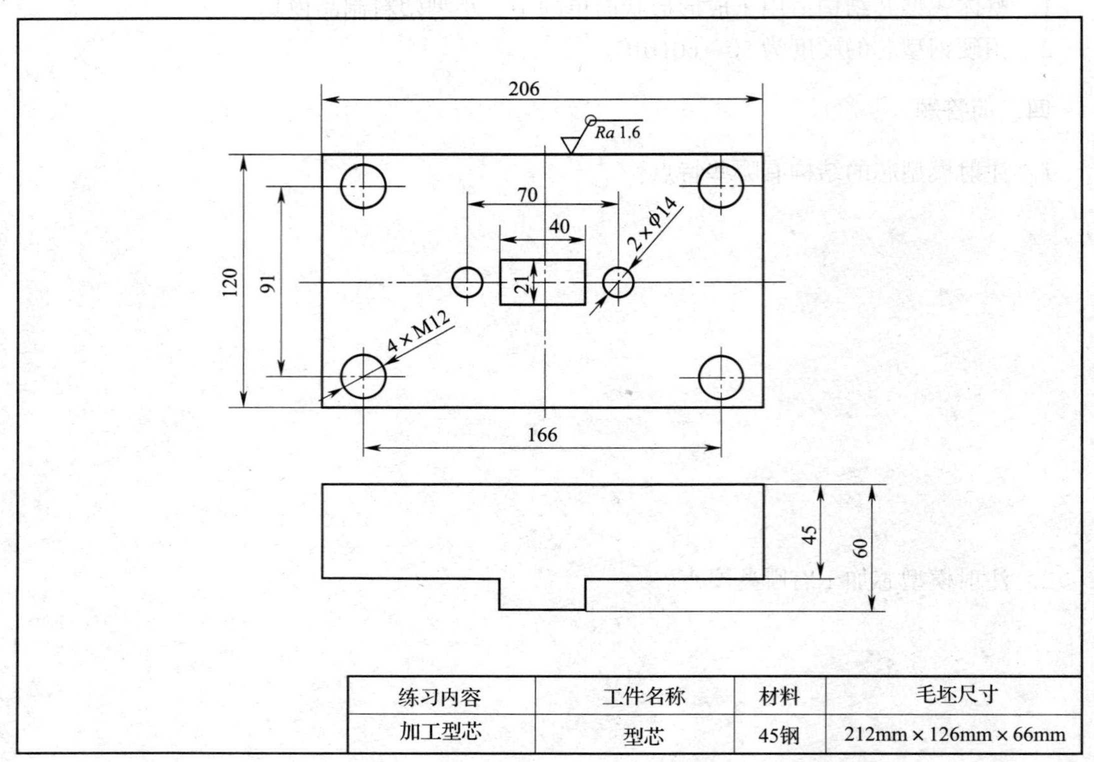

练习内容	工件名称	材料	毛坯尺寸
加工型芯	型芯	45钢	212mm×126mm×66mm

图 4—2—1　注塑模型芯零件

2. 制定加工工序卡（表 4—2—1）。

表 4—2—1　　**加工工序卡**

工序号	工艺名称	工序名称

任务三　制定注塑模镶块加工工艺

一、填空题（将正确答案填写在横线上）

1. 注塑模镶块一般采用______、______、______、______、______、______、______、__________等八种方法。

2. 注塑模镶块大致分为两类：________________________________、____________________________。

3. 镶块之间的配合精度要求较高，一般镶块都要求达到公差值在______以下的尺寸精度和较好的表面质量。

二、选择题（将正确答案的代号填入括号内）

对于细长的圆形小镶件，也可选择材料相近、外径与圆形小镶件最大尺寸相等或稍大（　　）的圆形推杆。

A. 0.1～0.2 mm　　B. 0.2～0.4 mm　　C. 1～2 mm

三、判断题（正确的打“√”，错误的打“×”）

1. 注塑模镶块工艺线路为备料→粗车→钳加工→热处理→磨加工→线切割→研磨→钳加工。（　　）

2. 注塑模镶块应热处理淬火与回火至55～60HRC。（　　）

4. 注塑模嵌件是注塑模镶拼结构的主要零件之一。（　　）

5. 镶块大致分为两大类：一类是整体镶拼式结构的镶块，另一类是组合镶拼式结构的镶块。（　　）

6. 凸出为主的整体镶拼式镶块可参照型芯加工工艺过程和工序安排进行加工。（　　）

7. 注塑模型芯预热处理淬火至80～200HBW，可消除粗加工引起的内应力。（　　）

四、简答题

组合镶拼式镶件有哪些特点？

五、实训题

1. 加工如图 4—2—2 所示典型注塑模镶块。

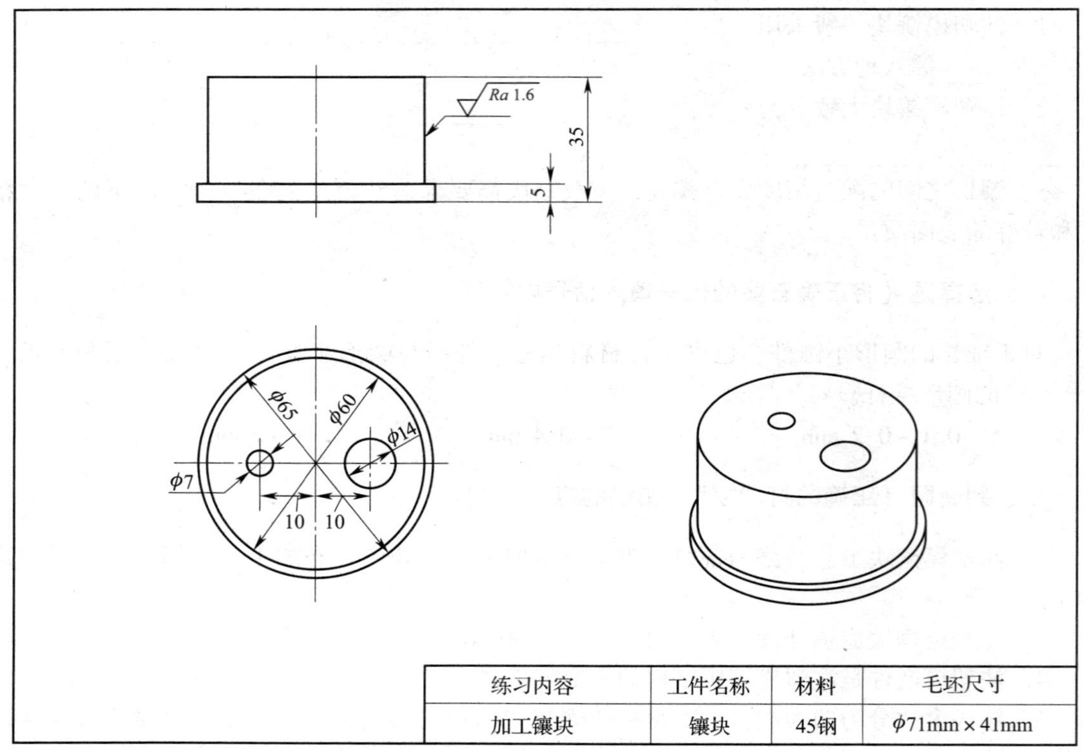

练习内容	工件名称	材料	毛坯尺寸
加工镶块	镶块	45钢	φ71mm×41mm

图 4—2—2　注塑模镶块零件

2. 试制定加工工序卡（表 4—2—2）。

表 4—2—2　　**加工工序卡**

工序号	工艺名称	工序名称

课题三　压铸模主要零件加工工艺的制作

一、填空题（将正确答案填写在横线上）

1. 压铸模________是压铸模的主要成型零件之一。

2. 压铸模定模板是用来成型压铸件________的零件。

3. 压铸模型腔是以________的尺寸为基础加上铸件的收缩率及补偿量。

4. 在加工压铸模成型镶块等零件时，必须先对分型面进行平面磨削加工，使之表面粗糙度 Ra 值为____________，然后进行研配。

5. 精修由钳工进行，使型腔加工到要求的______和______。

6. 动、定模套板安装镶块的孔有______和______，若镶块形状较复杂，动、定模都是通孔的就比较好加工。

7. 凹模______、型芯等模具零件是压铸模中最重要的零件，它们与金属熔液直接接触，通常用____________钢制造。

8. 镶块成型表面的加工方法有多种，常用______、______等切削加工方法。

二、选择题（将正确答案的代号填入括号内）

1. 压铸模定模板中间型腔部分直接与产品接触，有（　　）的制造要求。

A. 较低　　B. 较高　　C. 无要求

2. 压铸模定模板是用来成型压铸件（　　）的零件。

A. 外表面　　B. 内表面　　C. 上表面

3. 压铸模（　　）是压铸模的主要成型零件之一。

A. 定模板　　B. 动模板　　C. 固定板

4. 压铸模型腔或型芯的制造精度，取压铸件尺寸公差的（　　）。

A. 1/3～1/2　　B. 1/4～1/3　　C. 1/5～1/4

三、判断题（正确的打“√”，错误的打“×”）

1. 对于形状复杂的大型模具，一般采用镶拼式模板，即把加工好的型腔镶块装入模板的型孔内。（　　）

2. 在分型面上，动、定模镶块平面应分别与动、定模板齐平，允许高出量不大于0.1 mm。（　　）

3. 精修由钳工进行，使型腔加工到要求的尺寸和形状。（　　）

4. 镶拼结构给型腔的加工带来许多便利，但镶拼结构的设计应合理，否则会影响制件质量。（　　）

四、简答题

1. 简述压铸模成型零件的技术要求。

2. 简述整体式模板的加工步骤。

3. 常用于制造凹模镶块、型芯的材料有哪些？

五、实训题

1. 加工如图 4—3—1 所示压铸模定模板零件。

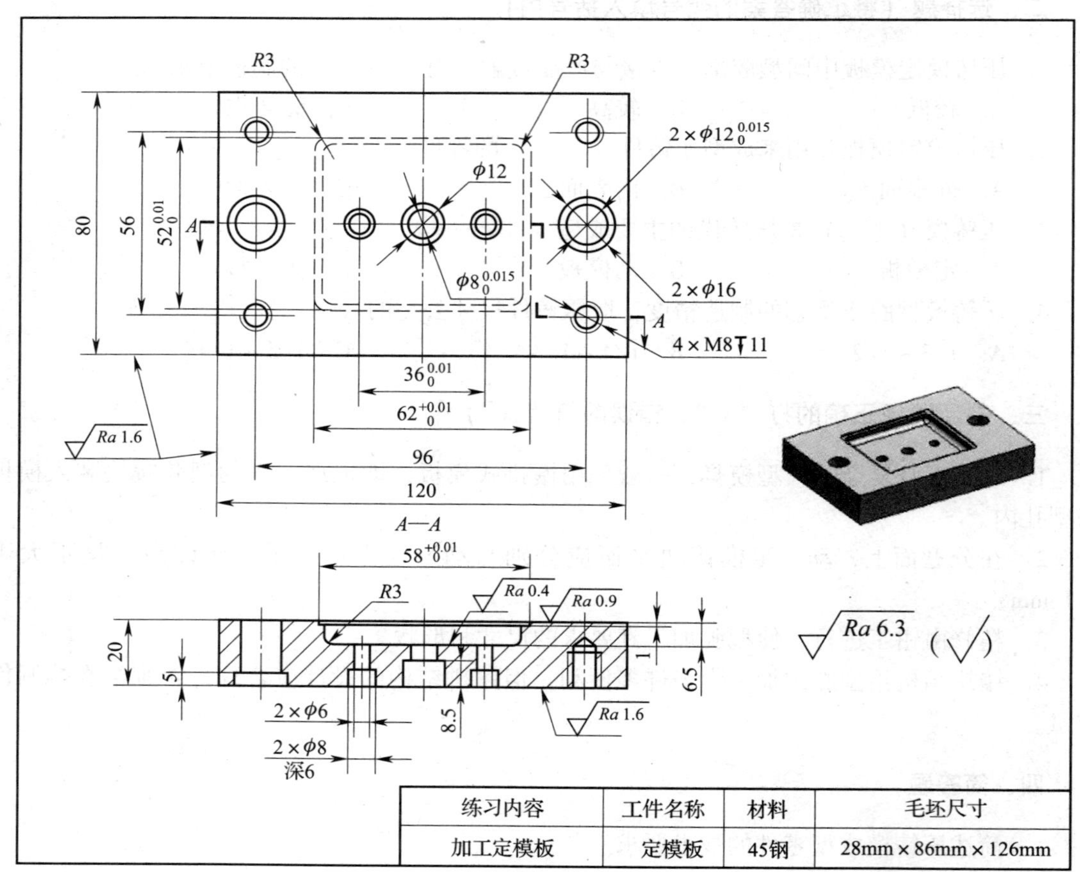

练习内容	工件名称	材料	毛坯尺寸
加工定模板	定模板	45钢	28mm×86mm×126mm

图 4—3—1　压铸模定模板零件图

2. 制定加工工序卡（表4—3—1）。

表4—3—1 **加工工序卡**

工序号	工艺名称	工序名称

模块五　模具零件精密加工

课题一　成形磨削加工简介

一、填空题（将正确答案填写在横线上）

1. 成形磨削是精加工成形表面的一种方法，它是把____________分解成若干个______、________等简单形状表面，然后分段磨削，并使其连接________、________，达到图样要求。

2. 许多形状复杂的凸凹模刃口，一般都是由一些______与______组成。

3. 成形磨削可以在____________、__________________、____________和数控成形磨床上进行。

4. 光学曲线磨床主轴的特点是__________、__________、________，一般用于专用模具磨削的高速主轴的速度大约为______r/min，可以完成较低的表面粗糙度值的工件表面磨削。

5. 强力成形磨削也称为________________，是一种先进的磨削工艺。

6. 在成形磨削之前，必须将零件的______________换算成______________，并绘制成形磨削______________，以便进行成形磨削。

7. 成形磨削的方法有____________________和______________两种。

8. 成形砂轮磨削法是利用____________________，将砂轮修整成与工件型面完全吻合的__________________，然后用砂轮磨削工件，即可获得所需要的形状。

9. 夹具磨削法是将工件装夹在________________，加工时通过夹具调整________________、__________________进行磨削，从而获得所需要的形状。

10. 砂轮的特性由______、______、________、______、组织、强度、形状和尺寸等因素决定。

11. 被磨的工件是凸圆弧时，修整后的砂轮轮缘为________，则修整砂轮凹圆弧半径比工件的实际半径大__________mm。

12. 被磨的工件是凹圆弧时，修整后的砂轮轮缘为________，则修整砂轮凸圆弧半径比工件的实际半径小________mm。

13. 成形砂轮的修整有________和________两种。

14. 一般采用角度砂轮修整器修整砂轮角度，它是根据______________设计的，可修整角度为__________的砂轮。

15. 根据金刚石刀刀尖的位置不同，可以修整出________或________的砂轮。当金刚石刀刀尖______回转中心时，修整出凸圆弧；当金刚石刀刀尖______回转中心时，修整出凹圆弧。

16. 夹具磨削法常用的夹具有____________、__________________、____________、正弦分度夹具、万能夹具等。

17. 正弦精密平口钳由带有精密平口钳的________和______组成，工件装夹在平口钳中，为使工件倾斜一定角度，需在正弦圆柱和底座的定位面之间垫入______。

18. 正弦磁力台用于磨削工件的斜面，其最大倾斜角度为________，适于磨削______。

19. 正弦分度夹具可用于磨削具有同一个回转中心的__________和________。

20. 工件在正弦分度夹具上有______________和__________________两种安装方法。

21. 万能夹具主要由______________、______________、______________和__________组成。

二、判断题（正确的打"√"，错误的打"×"）

1. 光学曲线磨削可以加工较小的镶块、样板及带几何型面的圆柱形工件。 (　　)

2. 成形磨削可对热处理淬硬后硬度很高的凹模进行精加工，消除热处理变形对精度的影响。 (　　)

3. 用光学曲线磨床磨削法和精密平面磨床磨削法互相配合，不可以完成大型工件复杂的成形加工。 (　　)

4. 用数控成形磨床磨削模具零件，可使模具制造向高精度、高质量、高效率、低成本和自动化的方向发展，并且便于采用计算机辅助设计来制造模具。 (　　)

5. 数控成形磨床的特点是对砂轮的垂直进给和工作台的横向进给运动采用了数控。 (　　)

6. 模具制造中，一般以夹具磨削法为辅，以成形砂轮磨削法为主。为了保证零件质量提高效率，降低成本，往往需要综合使用两种方法。 (　　)

7. 砂轮在磨削过程中起切削刀具的作用，它的状况直接影响到加工精度、表面粗糙度和生产效率。 (　　)

8. 在修整成形砂轮时，需在修整前用碳化硅砂条作粗修整，这样不仅增加了金刚石刀的损耗，同时还降低了修整砂轮效率。 (　　)

9. 精密平口钳可放置在磁性工作台上，利用钳体的精密垂直度磨削工件的基准面或斜面。它特别适合于夹持细小工件及不能被磁力工作台吸住的工件进行磨削。 (　　)

10. 正弦精密平口钳用于磨削零件上的斜面，最大的倾斜角度为60°。 (　　)

11. 万能夹具的分度部分是用来控制夹具的回转角度的。 (　　)

三、简答题

1. 什么是光学曲线磨削？

2. 简述数控成形磨削法的过程。

3. 正弦精密平口钳在调整角度时，所需垫入量块值怎么确定？

4. 工件在正弦分度夹具上什么情况下采用双顶尖装夹法？

课题二　坐标镗床加工简介

一、填空题（将正确答案填写在横线上）

1. 坐标镗床加工是在坐标镗床上利用______________对零件的孔及孔系进行高精度（尺寸精度、几何精度与距离精度）切削加工。

2. 坐标镗床利用________原理，采用有误差补偿装置的__________及________，并由能提供准确读数（可读出 0.001 mm）的光学装置来实现工作台的精确移动。

3. 坐标镗床上既可以进行______、锪孔、______、镗孔与精铣平面等加工，也可以进行精密划线及检验。

4. 坐标镗床是靠________________来确定工作台、主轴的位移距离，以实现______与______的精确定位。

5. 坐标镗床主要附件有________、__________、__________

和镗刀夹头等。

6．坐标镗床工作时，装夹在工作台上的工件是以____________或___________定位而进行加工的。

7．工件的找正方法有多种，应根据______________和____________等选定。一般对圆形工件的基准找正是使其轴线与机床主轴轴线_______；对矩形工件是使其侧基准面与机床主轴轴线_______，并与工作台坐标方向_______。

8．坐标镗床是在工件_______进行孔加工的，淬火后凹模必然会受到热处理变形的影响，因此，对于精度要求较高的凹模一般都设计成____________。

9．在坐标镗床上进行孔加工的方法与被加工孔有关。孔加工的主要方法有______、铰孔和______。

10．钻孔时要按加工性质要求依__________、____________、__________的顺序安排加工工序，为提高生产效率，减少工作台移动的时间，应优先加工_________的孔。

11．铰孔适用于直径小于______的孔。

12．坐标镗床加工的加工精度和生产率与__________、__________及__________有着直接关系。

二、判断题（正确的打"√"，错误的打"×"）

1．在模具加工中，常用的坐标镗床是卧式坐标镗床。（　　）

2．立式双柱坐标镗床的主轴箱悬伸距离小，而且装在龙门框架上，容易保证机床刚度，另外床身和工作台之间层次少，承载能力强，因此，一般为大、中型机床。（　　）

3．坐标镗床工作时，零件图上的孔位置尺寸往往不是按设计要求标注，而是按坐标尺标注的。（　　）

4．工件装夹中不需要确定基准并找正。（　　）

5．钻孔时应根据各个孔的直径按从大到小的顺序钻出所有的孔，以减小工件变形对加工精度的影响。（　　）

6．当孔的直径小于 20 mm，精度要求比 IT7 级高，表面粗糙度 *Ra* 值大于 1.25 μm 时，可以用铰孔代替镗孔。（　　）

7．铰孔适用于直径小于 20 mm 的孔，孔的尺寸精度可达 IT7，表面粗糙度 *Ra* 值可达 0.2～0.8 μm。（　　）

三、简答题

1．常见的坐标测量装置有哪些？

2. 简述万能转台工作原理。

3. 根据模板的形状特点，其定位基准主要有几种？

4. 简述卸料板零件的找正方法。

5. 简述在模板已经安装的基础上，进行坐标镗床加工的步骤。

课题三　坐标磨床加工简介

一、填空题（将正确答案填写在横线上）

1. 坐标磨床是在____________的原理和结构的基础上发展起来的一种____________。

2. 坐标磨床可以加工直径为__________的高精度孔，加工精度可达 5 μm 左右，表面粗糙度 Ra 值可达__________，最高可达 0.2 μm。

3. 坐标磨床有________和________两类。

4. 坐标磨床的磨削过程中，磨削机构有三个运动可同时配合动作，即______________、______________以及____________________________。

5. 坐标磨床主轴一般转速为____________。

6．当工件定位、找正后，利用工作台的纵横向移动使________________在机床主轴轴线上，然后再进行________。

7．砂轮作高速回转，主轴作______________和___________________。

8．砂轮的磨削速度与砂轮的磨料、工件材料等有关，普通砂轮磨削碳素工具钢和合金工具钢时磨削速度为________________；立方氮化硼砂轮磨削碳素钢和合金钢时磨削速度为________；金刚石砂轮磨削硬质合金时，磨削速度为________。

9．横向磨削的特点是砂轮不作__________，只作__________，适用于______________的磨削。

10．端面磨削时应注意将砂轮底部修成凹面，以提高磨削效率，便于______；砂轮直径与孔径相比不能______，否则易形成凸面；砂轮主轴作向下进给，用砂轮的_____________进行磨削。

11．手动坐标磨床加工是在手动坐标磨床上用________________实现其对工件的内形或外形轮廓的加工。

12．连续轨迹数控坐标磨床加工是在数控坐标磨床上用__________________实现其对工件型面的加工。

13．选择砂轮的原则与其他磨削方法相同，即工件硬度高时应选择______砂轮，工件硬度低时选择______砂轮。

二、判断题（正确的打"√"，错误的打"×"）

1．坐标磨床对于位置、尺寸精度和硬度要求高的多孔、多型孔的模板和凹模，是一种较理想的加工方法。（　　）

2．坐标磨床就是定位机构与行星高速磨削机构的结合，依靠三个运动的相互配合来实现孔的磨削加工。（　　）

3．主轴套筒的上下往复运动是液压式或气压—液压式传动。（　　）

4．砂轮的高速自转由高频电动机或压缩气机驱动，低速到高速分 7 ~ 8 挡。（　　）

5．砂轮直径约为心轴的 1.5 倍。心轴直径过小，磨削表面会出现磨削波纹。（　　）

6．磨削外圆是利用行星运动直径的缩小来实现横向进给的。（　　）

7．插磨可以对型槽及带清角的内外型腔进行磨削。（　　）

8．连续轨迹数控坐标磨床加工凸、凹模之间的配合间隙可达 4 μm，而且间隙均匀。（　　）

9．砂轮在夹头中的夹持长度不应小于 20 mm，弹簧夹头孔与砂轮杆的间隙不能太大，夹头只能有微量弹性变形。（　　）

三、简答题

1．坐标磨床常用的定位找正方法有哪些？

2．简述坐标磨床采用中心显微镜找正的工作原理。

3．坐标磨床常用磨削方法有哪些？

4．简述坐标磨床加工时的注意事项。